看財務資訊談經營策略

從財務資訊出發
繪企業經營鴻圖

邱慶雲　編著

看財務資訊談經營策略

目錄

朱　序

　　會計的大眾化一直為會計專業人員的願望。雖然很多先進在這方面盡了力量，但是成果仍不彰。曾有一位企業主持人聽了會計人員的月份財務報告後，說了一句"內容太複雜，本人只想知道究竟現金結存多少？"這是該主持人以為「現金結存等於盈餘」的錯覺。又，某立法委員在審查國營事業年度預算時，認為「折舊」編列太多，是浪費公帑，主張應大幅刪減該項支出。類似這些故事在在表示一般人士雖然關心企業財務，但是由於缺乏會計知識而無法抓住重點，甚致鬧出笑話。

　　電腦出現後的初期，電腦只屬於專業人員利用的工具，但是由於其硬體和軟體迅速改進，很快就成為大眾化的工具，其原因固然很多，但是電腦應用技術的平易化和大眾化，應該是主要原因之一。一般人士雖然不懂電腦科學的高深理論，但是只要學習如何應用電腦的技巧，就可以將電腦變為很好的工具。

　　這種事實對會計人員的啟示是，會計的大眾化應從會計知識及其應用技巧的平易化著手。如何讓想利用財務會計資訊的一般人士，不必研習高深理論只要具備應用財務會計資訊的起碼知識，就可以達到「看財務資訊能了解企業概貌，

進一步為企業繪出經營策略」，才是關鍵。總之，將一般人士「敬而遠之」的會計學，以容易了解的事例、圖解等方式說明，讓他們具備財務會計知識並樂於利用財務會計資訊，才是大眾化的捷徑。

　　編著者在這構想下，曾出版「財務報表分析 ABC」一書，以平易方式介紹利用財務資訊前應具備的基礎知識。此次為回應一般人士如何應用財務資訊的要求，再出版本書，希望一般人士閱讀本書後，對如何利用財務資訊，了解企業，進一步為企業籌謀經營計劃有所幫助。

　　對於會計知識的大眾化付出心力，個人除對編著者表示衷心敬佩之意外，並樂意予以推介。

2002 年 5 月於會計師公會全國聯合會

自序

任何時代，對企業人士的要求就是經營分析的能力。如能正確地掌握經營的數字，就不必再擔心其他的問題。要滿足此要求，企業人士必須具備各種知識。

處在急遽變化的新世紀，企業人士的首要任務是建立「願景」，有願景企業才有活力，員工如果對未來有共同的觀念，當然能同心協力共創未來。接著要有「策略」，策略是指達到願景的最有效方法。企業人士必須從外在環境的分析，未來趨勢的掌握，內部條件的詳估，找出到達願景的最佳途徑。

如何繪出企業的願景（鴻圖）有眾多方法，很多人想憑經驗描繪，但是以會計方法描繪是既具體又易於表達的方法，因為會計是描述企業的共同語言，且有一套一般公認的表達方式，所以「從會計資訊出發，繪出企業經營鴻圖」是最可行的方法之一。

為了一般人士了解財務資訊，筆者前出版＜財務報表分析 ABC＞一書，以該書介紹利用財務資訊的基礎，是屬於「入門篇」性質，有了這些基礎後當然不能僅止於了解，如何應用這些基礎知識，為企業經營找出方向才是目的。因此特搜集國內外相關資料編著本書。

　　本書的重點在介紹如何應用財務資訊做經營計劃,是屬於「應用篇」性質。也就是針對如何應用財務資訊有關數據而編寫。

　　一般人士對自己公司何處有問題,如何改善,當然希望能從明確的數據來掌握。為配合這些要求,從「資產負債表(B/S)和損益表(P/L)如何閱讀?」開始,進一步對「企業的異常如何發現?」「企業面臨的危機如何判別?」……最後,「如何研訂經營策略」,以最平易的方式介紹。

　　希望本書能滿足一般人士的需要,併能達到「從會計資訊出發,繪出企業經營鴻圖」的目的。

　　本書的付梓承蒙會計師公會全國聯合會理事長朱寶奎先生的賜序鼓勵及會計研究月刊社同仁的協助,在此表示由衷的謝意。

邱慶雲

於新店大學詩鄉

2002 年夏

前　言

前　言

我們常聽到會計人員以外的人士也希望具備會計的知識，例如經營者說；「身為總經理，至少應知道決算報告的意義」，公司的中階層幹部說；「從會計部門送來各種資料，假如我們具備會計知識，應對工作上有更多的幫助……」，一般員工也說；「好像具備了會計知識，對各方面應有幫助……」。

我們都知道，企業資料到處可以獲得，問題在於有無具備能活用這些資料的會計知識。

另一方面，你在企業中的地位越重要，也就是越接近決策中心，會計知識越會發揮重要性。加之，會計資訊幾乎成為企業的共同語言，使用這種語言不管在各部門間或上下階層的溝通上，或企業間的連繫上都可以如在同一舞台上演戲。

如此，大家都認為會計知識，對自己或企業的提昇績效有幫助，但是普遍的問題是不知如何應用會計資訊。

如何應用會計資訊的先決條件當然為學習會計知識，然而學習的方法有二；一為，培養會計專業人員方式的密集課程。另一為，以應用（使用）為目的的重點式課程。前者屬於正軌的教育體系，從基本原理原則開始按步就班授課，後者較為困難，坊間出版有多種書籍嘗試各種方法，對一般非會計專業人士提供易懂而速成方式的介紹書，來滿足此種目的。

　　編著者搜集國內外相關書籍，也嘗試以一般人士爲對象，以使用會計資訊爲目的，少談理論，將重點放在應用技巧，編寫本書供參考。

　　如何讓非以會計爲專業的人士利用會計資訊來瞭解企業或經營企業，一直是會計專業人員應該嘗試的夢境，也是會計人員的責任。

　　實際上從利用會計資訊人士的立場看，利用前有無必要從學習簿記原理開始是值得討論的問題。這種要求猶如學開汽車前須學習機械原理一樣，其必要性有待斟酌。

　　因此本書擬跳開借貸原理等簿記理論，以能開車的學習方式，以人人能利用會計資訊爲目標安排本書內容如次：

　　首先介紹利用會計資訊應具備的會計的特殊思考方式，其次引導讀者閱讀會計資訊的主要來源財務報表，以期了解企業的財務狀況，然後以較多篇幅探討如何分析資產負債表、損益表及現金流量表等相關資料，作爲研訂企業經營策略的依據。在此種構想下，以下列各章分述之。

　　第1章以日常生活做比喻，介紹會計思考方式的特色。例如會計如何掌握企業活動事項的「存量」和「流量」，暨會計如何從兩面去掌握企業活動事項等。

　　本書雖然不討論深奧的會計理論，複雜的記帳實務，但是讀者也許有興趣了解會計工作的概貌，尤其是會計資訊主要來源─財務報表的產生過程和各表的關係以及相關規範。因此特摘錄「會計工作簡介」，供讀者在閱讀其他各

章前，或瀏灠各章之後，來幫助了解。

第2章如何閱讀資產負債表(B/S)。先了解企業資源的「存量」在B/S表中的排列原則，然後利用其排列上的特性，將B/S分上下二段方式來探討企業的「安定性」及「償債能力」，並介紹企業的「危機警訊指標」供讀者參考。

第3章如何閱讀損益表(P/L)。將重點放在了解企業活動的「流量」在P/L表如何表達，表中各種利益的經歷如何。然後初步研判企業的「收益力」，並介紹研判企業收益力的綜合指標。

第4章看資產負債表(B/S)研訂策略。從會計以雙軌方式掌握事項的特性，研判B/S左右兩邊各資訊的關係的合理性，並介紹資產週轉分析的重要性，以此檢討B/S各科目的週轉期間，作爲研訂提高企業「活動力」的最適資產負債架構。

第5章看損益表(P/L)研訂策略。企業經營當然需要經營策略。如何「看財務資訊，談經營策略」爲本書的重點。本章從深入了解企業活動「流量」（收入和費用）的特性開始，介紹從收入和費用特性發展出來的經營分析技巧，例如損益平衡點、附加價值和固定費、直接成本計算等。對這些技巧盡量以圖解方式輔以實例做最平易的說明，以期讀者能利用這些技巧研訂經營策略。

第6章看現金流量表檢討策略。最後介紹近年逐漸被重視的現金流量表的閱讀方法。現金流量是企業生存的血液，但是會計能提供現金流量的資訊有限。雖然本表從過

去的「資金來源去路表」、「財務狀況變動表」一再改進而演變出來，但是目前仍停留在「事後」編製檢討用資訊的階段。本章僅介紹現金流量表發展的過程及其特性，使讀者從該表探討企業的營業、投資及理財三種活動對現金流量的影響，是否合乎經營方針。

　　最後，在第7章羅列利用財務資訊時可能遇到的一般性問題，供讀者參考。

　　在2-5各章後面編列「自己試試看」的問題，讓讀者有複習的機會，以加強對各該章的了解。

　　本書在編排上為讀者的方便，做了如下安排：當打開書本後，雙單頁對照形成一小單元，也就是雙頁面（左邊）敘述某一標題的內容，在單頁面（右邊）附上該小節所需的圖或表，幫助讀者對該小節的說明有較深刻的了解，並容易記憶。因為每雙單面安排成為一小單元，故讀者閱讀後將來需要參考時很容易查閱。

　　除上述單元化的安排外，必要時適處簡介會計的專有名詞及專業知識。希望此種安排對一般人士如何利用會計資訊，瞭解企業狀況以及研訂經營策略有幫助。

第一章

會計思考方式的特色

瞭解會計特有的思考方式

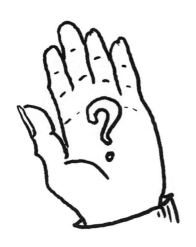

摘要

＜瞭解會計特有的思考方式＞

△ 企業的經營是在執行，採購材料、聘用人員、製造商品、銷售成品等複雜活動。會計係將這些活動換算爲金錢後，依會計特有的程序記錄、計算，編製損益表、資產負債表等報表。這些財務報表以數字表達公司的狀況和型態。

△ 通常一般人士只要聽到企業的數據，或會計報表就潛意識地敬而遠之。但是只要你在經營企業，或想要了解某一企業，你就不能排斥它。

△ 本章考慮這些人士的心情，從非專業人員的角度，以最容易理解的方式介紹，經營分析上最低限度需要具備的會計的特殊思考方式。例如，會計如何掌握企業活動事項的「存量」和「流量」，會計如何從兩面去掌握企業活動事項等。

△ 了解這些思考方式對如何閱讀財務報表，如何利用會計資訊，如何研訂經營策略等有很大的幫助。

1.1 會計的發展過程

1.1.1 會計產生的故事

　　閱讀會計書籍時最常遭遇的問題就是借方、貸方。會計學有的應去理解它，有的只好硬背記它。借方、貸方可以說屬於應背記的代表性項目。

　　在背記前如果先追查記帳的歷史也許對背記有幫助。歐洲遠在11～13世紀發生十字軍遠征的大事件時，擔任軍火輸送者是威尼斯商人，有的商人直接從事物資的貿易，有的商人以出資者身份參與。在13世紀以後威尼斯商人繼續發展貿易，出資商人爲記錄這種複雜的商業往來，想出獨特的記帳方式，則依對象別設帳，航海者向其借款時記在借方，借主償還時做相反的記載。同時也對錢主(貸放主)分別設帳，向其融資時記在貸方。以這種雙重記載可以對資金的進出做重複核對(double check)。這就是借方、貸方一詞的開始。後來這種複式記帳(double entry)的技術也被航海商人採用。

　　在1494年義大利的修道僧巴智奧利將上述技術整理留存到今天。所以借方、貸方在左邊、右邊並無確切的理論依據，是習慣用法的留存，故只有靠背記熟悉它。

　　會計經過古代中世紀的倉庫會計(單式簿記)，15世紀發展爲威尼斯式的一航海一期的雙軌眼光的複式簿記的商業會計，在19世紀工業起飛後商業會計再發展爲分期計算當期營業成績的技術(如提列折舊等)，並產生成本計算、對股東或債權人提供財務資料的對外報表等，至此近代化的會計制度乃形成。

借方、貸方從此開始

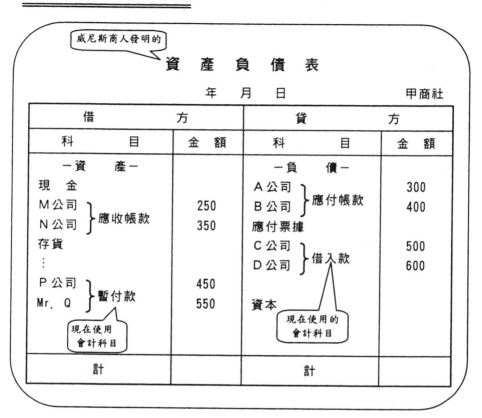

當時威尼斯商人的記帳係以對方的人名為「會計科目」，亦即以交易對方為「主詞」來思考做記載，例如「P公司向本公司暫借(debit)450元」，「C公司貸給(credit)本公司500元」等。所以在借方有「暫付款」貸方有「借入款」等，以字眼看往往會引起混亂的科目。

目前以事項(實物性)會計科目代替以往的人名記帳方式，使原有的借方(debit)和貸方(credit)失去實際意義，而變成單純的左邊、右邊的符號，所以某會計事項屬於借方或貸方只好靠背記。通常對一般人士而言，改以左邊、右邊說明反而不會引起困擾。

1.1.2 會計的發展

　　會計是企業間常用的名詞,但是一般對會計一詞所指的內涵五花八門,例如在小店舖會計只做記帳工作也稱為「會計小姐」,在略具規模的企業才聘請會計人員從事開傳票、記帳、編報表、報稅等正式的會計工作。如規模更大的企業則另設財務部門,專職辦理資金的籌措與運用,應收應付帳款等資金管理。

　　至於從會計體系看會計,也發展出如下的不同制度。

① 第一為財務會計(Financial Accounting)。其主要的目的為編製財務報表,對企業外部的利害關係人(股東、銀行等)提供報告。其編製原則須遵循公司法等規定,故又稱為制度會計。程序上的特色為,以全部成本計算。財務會計的本質為對營業結果以記錄彙計,產生外部報告,也可以說以歷史性資料為主的「過去會計」。

② 第二為管理會計(Management A/C)。與「全部成本」為依據的財務會計比較,以更自由的立場,以提升內部效率和評估業績為目的的內部報告。在應用上採取更彈性的方法,例如直接成本來計算等。管理會計重視「現況」的分析,可以說是「現在會計」。

③ 第三為策略會計(Strategy A/C)。與上述兩種比較此種會計係採取線型規劃等技術,預測各種情形下的企業的未來財務情形,作為研訂企業策略的參考。故又稱為「未來會計」。策略會計係整體觀(Macro)的會計,是策劃未來的高水準會計。

會計的發展

財務會計	管理會計	策略會計
過去會計	現在會計	未來會計
全部成本 計算	直接成本 計算	直接成本或線型 規劃等
	⬇ 損益 平衡點	
對外報告用 ⬆	業績評估用 ⬆	企業策畫用 ⬆
公 司 法 證 交 法 稅 法	預 算 法 (公營事業) 標準成本	經濟預測 公司策略
收 入 －費 用 利 潤	銷售收入 －變 動 費 邊際利潤	目標利潤 ＋目標成本 目標收入

簿 記

財務會計	過去資料 →	Process	→ 財務報表
管理會計	現在資料 →	?	→ 預算執行報告
預測會計	未來資料 →		→ 財務預測
	Input	Black Box	Output

1.1.3 會計讓企業資訊說話

　　會計如上述有三種不同的制度，但是一般人士尤其是老闆們所想像的會計係指向管理會計或策略會計。

　　管理會計是什麼?到目前為止並無一定的定義，換言之，其內容隨需要在變動。因此只有與財務會計做比較來瞭解其含義。財務會計是以外部的利害關係者為對象編製報告，而是法令上規定的制度化報告，故只靠財務會計很難滿足日常管理需要。因此為了對經營者的決策和業績管理提供必要的資訊須編製各種內部報告，做這些工作的會計就是管理會計。

　　財務會計的損益表(P/L)是過去的結果，資產負債表(B/S)為編製日的狀況而已。但是企業日日在變化，財務會計僅做追蹤性的計算故無法滿足管理需要。與此比較，管理會計提供「如果將重點放在某種產品應可賺錢」或「應以某種目標值採取行動」等目標導向的資料。一方面策略會計則更進一步用線型規劃等技巧，預測公司的策略性目標利潤、收入或成本等，據比編製公司的未來財務狀況，提供公司當局檢討策略的可行性等，是「未來導向」的會計。總之，管理會計或策略會計是讓「企業資訊說話」的會計。

財務會計和會說話的會計

| 財　務　會　計 | 管理和策略會計 |

外部報告　　⟷　　內部報告

（股東、銀行、國家等）　　（公司高階層、各部門）

依法令規定編製　　⟷　　依公司需求編製

遵重制度　　　　　不具形式

產品　　　　　　　產品

決算報告　　⟷　　業績評估、決策支援資料

依過去資料　⟷　　依過去和未來資料

1/1　　B/S　　12/31

過去　P/L　現在　　　　未來

← 財務會計 →

← 管理會計、策略會計 →

1.2 會計思考方式的特色

1.2.1 會計思考的本質

　　R.馬迪士氏在他的著作「會計和分析法」中對會計下定義說；「會計思考的本質＝流量和存量的掌握＋雙軌性的方法」。所以會計以一句話來表示時則掌握流量(Flow)和存量(Stock)的關係。這種以流量和存量觀點處理事項，並將事項間的關係「從兩面去掌握」的兩種特色就是會計的基本看法，是非常有用的觀念，尤其是後者就是會計各種報表以左右兩邊編排資料的依據。（詳後述）

　　因此，一般人士（指非財會專業人員，以下同）要應用會計資訊時，雖然可以避開會計理論，但是最好先磨練上述會計特有的觀察方式。

　　現行會計（稱為財務會計）將上述流量的集合以損益表（以下簡稱P/L）彙總來表示營業實績，存量的集合以資產負債表（以下簡稱B/S）彙總來表達資產的內容。P/L和B/S的編製是簿記技術的最終目的。

　　財務會計的觀點也可以說「P/L和B/S的看事項法」，所以雖然可以不了解簿記本身，但是應重視能夠閱讀簿記所產生的成果P/L和B/S。

會計的基本看法

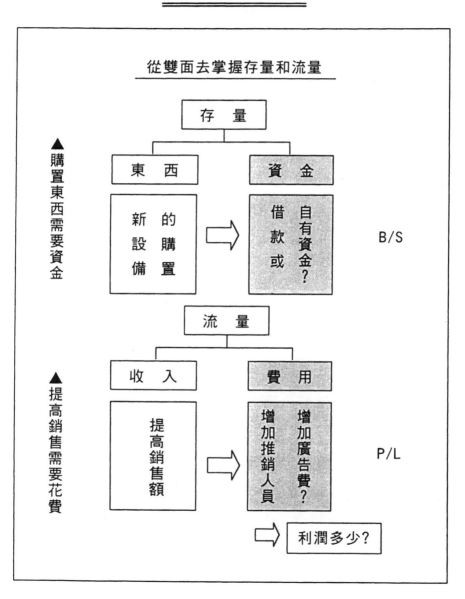

從雙面去掌握存量和流量

存　量

▲購置東西需要資金

東　西

新設備的購置

資　金

自有資金或借款？

B/S

流　量

▲提高銷售需要花費

收　入

提高銷售額

費　用

增加廣告費？增加推銷人員

P/L

利潤多少？

1.2.2 會計以流量和存量掌握狀況

　　會計所做的工作，在會計專業書籍總是以高深的理論來說明，但是我們日常生活中很多處理或分析某些情況的方法與「會計方法」不謀而合。

　　茲以測量水塔中的水為例說明之。茲有如右圖的水塔，假如水塔每分鐘進水300ℓ，出水260ℓ。在未進水前測得存量為50ℓ，進水一分鐘後測得90ℓ。那麼水塔的水，在一分鐘增加多少ℓ？

　　水的增加量的測法有二種；一為一分鐘的進水量(Flow-in)減去出水量(Flow-out)，亦即300－260＝40的方法。另一種為，從一分鐘後的水量(Stock ②)減水水塔原有的水量 (Stock ①)，亦即90－50＝40的方法。

　　會計工作與上述測量水塔的水量相同。將整個企業活動視如水的流量在進出企業，而水在企業的存量就是企業某一時點的狀況。

　　上述計測水量的方式改以會計用詞時可以得到一種計算公式，前期結存50ℓ＋當期流入(in)300ℓ－當期流出(out)260ℓ＝本期結存90ℓ。這種恒等式就是「會計恒等式」，也是會計所做的工作，因此會計的計算原理實際上是一般所用的常識，會計係將它制度化而已。

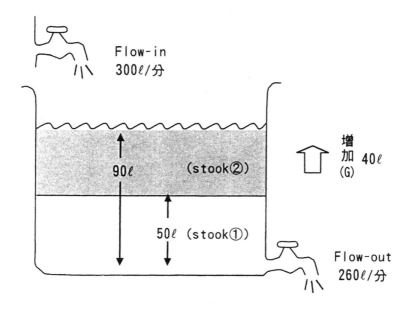

存量（利潤）的求法

以存量掌握	以流量掌握
$S_2 - S_1 = G$	$F.\,in - F.\,out = G$
$90 - 50 = 40$	$300 \quad - \quad 260 = 40$

利用上述公式求期末的存量

$$S_2 = S_1 + F.\,in - F.\,out$$

$$= 50 + 300 - 260$$

$$= 90$$

1.2.3 會計對事項以金錢數字表示

如前述會計的計算原理如測水量，但是有一點必須澄清，通常我們接觸的財務會計對事項均「換算」為金錢數字來處理。

茲以家計簿進展到企業會計的過程說明之。

在未正式使用家計簿前，一般人為了瞭解每日收支情形通常以皮夾中的存錢的變動情形來掌握。茲依A君日常生活為例，利用前述計算方式追蹤當天的收支情形。

早晨出門時皮夾中存有3,000元，當天公司臨時發放加班費15,000元，因此A君回家時順路購買日用品，回家後查點皮夾剩款為6,000元，購買日用品花了多少錢呢？利用前頁說明求得12,000元(詳見右頁計算)。

這是一天的變動情形。但是如要知道一個月的收支來了解月底存錢(Stock)多少？為何變成如此(Flow)?等連續性資料時，右頁圖中的當期P/L部份將愈來愈複雜，不得不利用家計簿做記錄。

談到企業時，此種記錄工作更複雜，規模也大，故不能如家計簿只掌握現金的流量和存量。況且，企業活動的項目除現金以外尚有材料、商品、建築物及機械設備等等。為了記錄這些項目，會計必須將其「換算」為金錢數字，並以有系統的簿記組織來整理，這就是通常我們所接觸的近代會計中的財務會計。

A君皮夾中的存錢流動情形

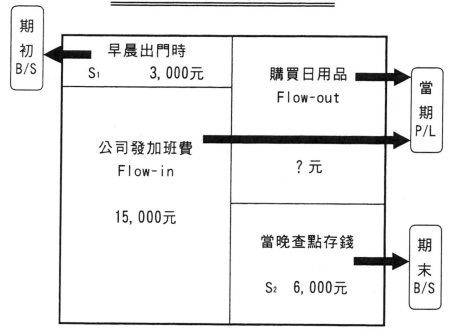

利用P.23「利潤求法」公式

$S_2 - S_1 = G$

$F.\ in\ - F.\ out = G$ 求得

$F.\ out = S_1 + F.\ in - S_2$

$= 3,000 + 15,000 - 6,000$

$= 12.000$

1.2.4 會計的產品 B/S 和 P/L

本書的目的為如何利用會計資訊。一般人士最容易獲得之會計資訊來源為會計的產品，各種財務報表，故在此先介紹主要財務報表如下。

首先為資產負債表，英文為 Balance Sheet，縮寫為 B/S(以下用此縮寫)，日語稱為「貸借對照表」。實際上本表係表示期末的資產和負債的餘額，也就是期末存量 (Stock)的集合，是一種靜態表。

其次為損益表，英文為 Profit and Loss Statement，縮寫為 P/L(以下用此縮寫)，日語稱為「損益計算書」，美國最近已改稱 Income Statement。本表係對某一期間企業活動的流量 (Flow-in 和 Flow-out)做彙總的表，是一種動態表。

B/S 和 P/L 在財務報表中擔任重要的角色，而簿記的最終目的就是編製這兩種表。

茲再利用前述測定水塔水量的案例，說明會計工作的架構如右頁圖。

會計係以簿記技術對所謂經營活動 "如水塔水量" 的流動，以流量 (Flow)和存量 (Stock)方式做兩面記錄來編造 P/L 和 B/S。此時 P/L 和 B/S 的增加部份（利潤）在結算時應一致。以§ 1.2.2 節的水塔水的案例而言，增加部份(利潤)均為 40ℓ。

B/S和P/L的產生

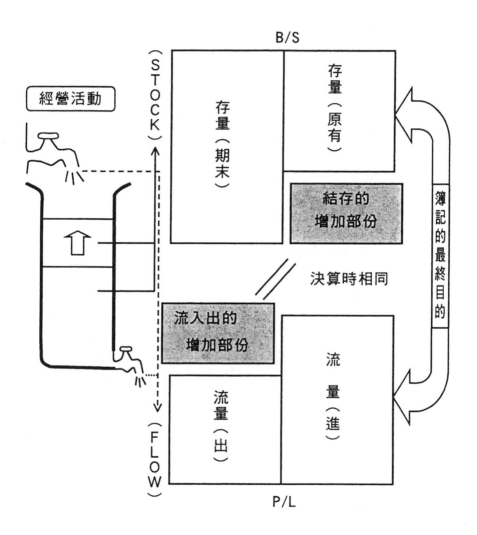

1.2.5 會計從兩面去掌握事項

如前述B/S是 "期末存量(Stock)的集合" ，但是B/S的左邊和右邊有什麼?並不明瞭，這一點也是一般人士很難了解的地方。因此我們應追究B/S的左邊和右邊表達什麼，來培養上述從兩面去掌握事項的觀點。

B/S的排列是左邊排資產，右邊排負債和資本。假如以此種個別分開方式去了解就失去意義。B/S的左邊有「看得到的東西（資金運用的結果）」，右邊有「看不到的東西（資金的來源）」，能將此兩邊同時掌握的眼光（可稱B/S的觀點），才可以說充分瞭解企業的財務結構。讓我們舉例說明之。

假定某甲擁有8,000萬元的房屋，某乙擁有1,000萬元的房屋，究那一位較有錢呢？以 "普通的看法" 當然某甲較有錢。

但是以B/S的觀點，則應注意到另一邊， "其資金的來源" ，例如某甲的房屋8,000萬元中7,500萬元係必須馬上償還的他人資金，只有500萬元係自己的資金。如某乙的房屋係全數由自有資金支應時，對那位才是「有錢人」的看法就有不同的答案呢。依此種看法，當然某乙較有錢。這就是從兩面去掌握事項的觀點。

總之， "從兩面去掌握事項" 是會計的特殊思考方式，這種方式與前述 "以流量和存量(Flow and Stock)來掌握企業狀況" 形成會計思考的本質。

從兩面去掌握事項（B/S的觀點）

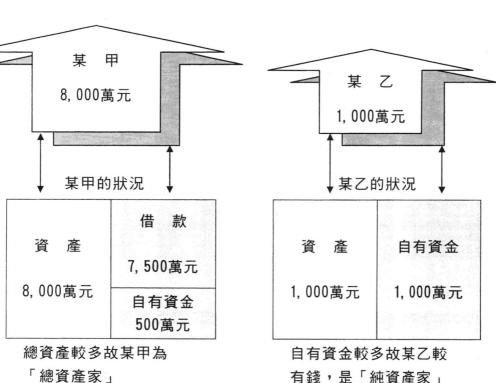

左邊　為實際存在的東西

右邊　為資金的來處，有如影子的存在

某　甲
8,000萬元

某　乙
1,000萬元

某甲的狀況

資　產	借　款
	7,500萬元
8,000萬元	自有資金 500萬元

總資產較多故某甲為
「總資產家」

某乙的狀況

資　產	自有資金
1,000萬元	1,000萬元

自有資金較多故某乙較
有錢，是「純資產家」

1.2.6 會計掌握資金運用的方法

下面擬以實例熟悉「B/S的觀點」來瞭解會計掌握資金運用的方法。

(1) X君投入現金200萬元準備做買賣。左邊記錄「可看到」的現金，與一般的眼光無差別。那麼右邊呢？應有「看不到的東西」。讀者可猜，「自己的錢」或「本錢」等各種表達方式。會計上則以「資本」記錄。

(2) X君決定運用此200萬元獲利，所以買了各種飲料110萬元。那麼「可看到的東西」有什麼，右邊的「看不到的東西」如何變化？左邊除現金90萬元外多出「飲料」110萬元，右邊無變化故仍然為資本200萬元。

(3) 假定飲料順利以140萬元售完。此時「可看到的東西」和「看不到的東西」各邊如何？可看到的一方現金變為230萬元，看不到的一方稍微複雜，資本應不變仍為200萬元，多出的現金屬於賺到的，會計上以「利潤」來區別它。

(4) X君想擴大買賣，乃向銀行借500萬元。那麼左邊可看到的什麼？右邊的資金出處如何變化？右邊應增加一項，借款500萬元。左邊的現金就成為730萬元。

B/S的眼光　　　　　一般的眼光

(1)

可看到的東西 （資金的運用）		看不到的東西 （資金的來源）	
現金	200	資本	200

(2)

現金	90	資本	200
飲料	110		

(3)

現金	230	資本	200
		利潤	30

(4)

現金	730	借款	500
		資本	200
		利潤	30

(5) 其次，以200萬元購置房地產，300萬元購入飲料。此時左邊的可看到部份應可以猜到如右頁，右邊有無變化？（無）。

(6) X君為擴大買賣以賒帳方式批入咖啡100萬元。此時左右兩邊的變化依前述原則讀者應可掌握大部份。不過對於賒帳方式的資金來源會計上以「應付帳款」科目表示。

(7) 最後X君將300萬元的飲料以400萬元賒銷，左邊的變化如何？（飲料300萬元變為未來的現金，亦即應收帳款400萬元）。右邊的變化如何？（因利潤增加100萬元，故成為130萬元）。

(8) 到此我們再詳細觀察丁字型B/S的內容。
最初X君以現金200萬元開始的內容（右頁圖(8)），其資金在營業活動下不斷的運轉，變為左右兩邊均為930萬元的資產負債表，（右頁圖(7)）。

（註： 飲料、咖啡等商品會計上在銷售前通常以存貨科目彙總，下設明細科目表達各種商品）

B/S的眼光		一般的眼光

(5)

可看到的東西 （資金的運用）		看不到的東西 （資金的來源）	
現金	230	借款	500
飲料	300	資本	200
房地產	200	利潤	30

(6)

現金	230	應付帳款	100
飲料	300	借款	500
咖啡	100	資本	200
房地產	200	利潤	30

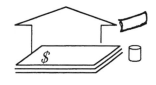

(7)

現金	230	應付帳款	100
應收帳款	400	借款	500
咖啡	100	資本	200
房地產	200	利潤	130
合　計	930	合　計	930

⬆

經過營業活動後之B/S

X君開始營業時之B/S

⬇

(8)

現金	200	資　　本	200

1.3 會計工作的簡介

　　本書以看財務資訊談經營策略為目標，故對會計理論未做較多的著墨，僅在適處提及要點。讀者在應用財務會計資訊時也許有興趣了解會計工作的概況，因此特摘錄有關①會計架構，②產生財務報表的過程，③財務報表各表間的關係，④會計原則的體系等。這些均屬以 "點到為止" 的簡介，讀者如想進一步了解詳細請參閱相關書籍。

1.3.1 簿記和會計工作概況

　　編造財務報表所需基本資料（會計數據）的產生過程稱謂簿記及會計工作。茲將簿記及會計工作的重點有系統的列表如右頁，供讀者易於掌握全貌。相信本表對讀者瞭解財務報表編造及分析工作有幫助。

　　從右頁的表可以瞭解，會計有三個基本假定，就是「企業實體」為記帳對象，以貨幣（國幣）為「記帳單位」，並認為企業係「永續經營」的企業體。

　　在此種假定下，為完成會計主要的目的之一，表達企業的財務狀況（存量）及經營成果（流量），利用會計架構將經營活動的交易事項以會計科目歸類，並以會計特有的分錄亦即 "從兩面去掌握企業活動事項" 的概念做衡量、測定及彙計等工作。這些會計工作經由嚴密的簿記組織一步一步，有條理的處理，最後以（初編）試算表核對結果，以保證最終產生的財務報表為正確可靠。

編造財務報表的會計架構

會計基本假定	會　計　架　構			簿記組織
	會計行為	會計方法	會計工作	
①貨幣測定 （記帳單位）	①記錄	會計科目 ↓	審核	傳　票
②企業實體 （記帳對象）	②測定	分　錄 （借貸恒等） 雙軌模型 （會計模型）	分類 記帳 過帳	日記簿 總分類帳 明細分類帳
③繼續經營 （會計期間）		↓	結帳	試算表
會計目的	③表達	整理分錄 經營分析	編表	財務報表

　　「簿記」和「會計」一詞通常被一般人士混在一起，雖然兩者並無嚴格的界線，但是簿記工作是編製初編試算表以前的開傳票、過帳、結帳等工作，而會計工作則除包括簿記工作外，還包括編製財務報表並為管理及其他目的將財務資訊依不同基礎做整理、分析供公司內外的關係人參考。

1.3.2 編造財務報表的概況

在簿記工作時編製的初編試算表，經過調整分錄的調節後則完成「調節後」試算表，本表則成爲編製資產負債表和損益表之依據。

這兩表編製的概略過程爲；將試算表中資產、負債和業主權益帳戶餘額，移到資產負債表所屬兩欄，收入和費用帳戶餘額移到損益表所屬的兩欄，而分別將資產負債表和損益表所屬各欄結出總數。此時兩表均會出現借貸兩欄的差額，此兩表的差額相同時，表示編製結果無誤，否則表示有誤，必須查明更正，(詳細實例後述)。

經核對兩表的差額相等後，如差額屬資產負債表的貸方，同時損益表的借方出現相同數字，此數字則表示係當期的「純益」。如差額係在相反方向，則資產負債表的借方及損益表的貸方表示當期的「純損」。

其次，將純益補列爲資產負債的貸方，以增加業主權益，同時可結平資產負債表的借貸雙方。以同樣方法結平損益表。如發生相反的情形，純損應以業主權益的減項(借方)處理。以上說明請參閱右頁圖。

將純益列爲資產負債表業主權益的增加的理由爲，本期獲致之純益屬於業主權益之增加。

從試算表編造財務報表

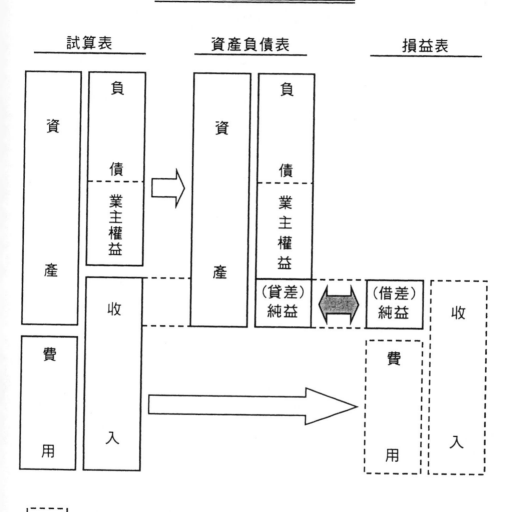

部份於年度結帳後結清

1.3.3 編製「調整後」試算表

初編試算表係依據帳上「日常」會計事項記載的記錄予以結帳結果彙總於一表,以測試記錄的正確性,但是依會計期間計算企業的分期盈虧時,尚須遵照收入和費用的配合等會計處理的特殊觀念,在原始記錄外做調整工作,以確保分期盈虧的合理性。調整工作除已在結帳前做妥的科目外,其餘應利用初編試算表進行,以期編製調整後試算表,作為編製財務報表之依據。

茲假定某公司初編試算表如右頁,經檢討後知道有下列各事項未在結帳前做適當的調整;

(a)對客戶已提供服務,而尚未收到服務收入6,000千元

(b)應由本期負擔之員工薪資2,400千元未列帳

(c)本期應提折舊830千元

(d)預付保險費中有400千元屬本期費用

(e)各項用品存貨帳中有2,650千元已領用尚未沖帳

(f)預收收益中1,250千元服務已實現

這些事項在右頁工作底稿整理分錄欄做整理分錄,使各相關科目之餘額更合理。例如(a)項之調整分錄為:

借:應收帳款　$6,000,000

　　　貸:服務收入　$6,000,000

經過整理分錄之增減後,結果列在調整後試算表欄,一般所指試算表係指「調整後」的試算表。

初編試算表的調整工作

工　作　底　稿

×× 年 ×× 月 ×× 日　　　　　單位：千元

會 計 科 目	初 編 試 算 表 借	初 編 試 算 表 貸	整 理 分 錄 借	整 理 分 錄 貸	調整後試算表 借	調整後試算表 貸
現　　　　　金	8,000				8,000	
各 項 用 品	4,320			(e) 2,650	1,670	
預 付 保 險 費	2,400			(d) 400	2,000	
各 項 設 備	36,600				36,600	
累 積 折 舊				(c) 830		830
應 付 帳 款		1,150				1,150
應 付 票 據		5,700				5,700
預 收 收 益		3,000	(f) 1,250			1,750
資　　　　　本		40,000				40,000
服 務 收 入		18,800		(f) 1,250 (a) 6,000		26,050
租 金 收 入		500				500
薪　　　　　資	16,400		(b) 2,400		18,800	
租 金 支 出	1,000				1,000	
水 電 費	430				430	
合　　　　　計	69,150	69,150				
調 整 科 目						
應 收 帳 款			(a) 6,000		6,000	
應 付 薪 資				(b) 2,400		2,400
折　　　　　舊			(c) 830		830	
保 險 費			(d) 400		400	
用 品 消 耗			(e) 2,650		2,650	
合　　　　　計			13,530	13,530	78,380	78,380

1.3.4 從試算表到財務報表

在簿記工作時編製的初編試算表，經過調整分錄的調節後則完成前述「調整後」試算表，本表將成為編製財務報表中之資產負債表和損益表之依據。

這兩表的編製過程為；將試算表中資產、負債和業主權益帳戶餘額，移到資產負債表所屬兩欄，收入和費用帳戶餘額移到損益表所屬的兩欄，然後分別將各欄總數結出。此時如右頁工作底稿中資產負債表借方合計為54,270千元，貸方合計為51,830千元，損益表借方合計為24,110千元，貸方合計為26,550千元，兩表的借貸方差額均為2,440千元，故表示結果無誤。

經核對兩表的差額相等而差額係在資產負債表的貸方及損益表的借方出現，表示此數字為當期的「純益」。

經過上述核對過程證明無錯誤後應結算各帳戶，然後開始編製財務報表，以達到會計的原始目的。

以上說明請參閱右頁。

從試算表編造財務報表

工 作 底 稿

××年××月××日　　　　　　　　單位：千元

會計科目	試　算　表		資產負債表		損　益　表	
	借	貸	借	貸	借	貸
現　　　金	8,000		8,000			
各 項 用 品	1,670		1,670			
預 付 保 險 費	2,000		2,000			
各 項 設 備	36,600		36,600			
累 積 折 舊		830		830		
應 付 帳 款		1,150		1,150		
應 付 票 據		5,700		5,700		
預 收 收 益		1,750		1,750		
資　　　本		40,000		40,000		
服 務 收 入		26,050				26,050
租 金 收 入		500				500
薪　　　資	18,800				18,800	
租 金 支 出	1,000				1,000	
水 電 費	430				430	
合　　　計						
調 整 科 目			最後計算純益或純損			
應 收 帳 款	6,000		6,000			
應 付 薪 資		2,400		2,400		
折　　　舊	830				830	
保 險 費	400				400	
用 品 消 耗	2,650				2,650	
合　　　計	78,380	78,380	54,270	51,830	24,110	26,550
純　　　益				2,440	2,440	
合　　　計			54,270	54,270	26,550	26,550

1.3.5 財務報表各表的關係

會計數據可分為資產負債類和損益類兩種,這些數據在決算時應依目的或法令等需要予以整理彙總,編成報表。目前法令上要求對外的財務報表包括;資產負債表、損益表、盈餘分配表及財務狀況變動表(現金流量表)等四種。

茲以某公司的整套財務報表為例說明各表的關係如右頁的體系圖。從該體系圖所列數據的互相關連得知,損益表係資產負債表中「本期純益」科目的明細表。盈餘分配表係資產負債表中「股東權益」各科目在盈餘分前後的變動情形的明細表,故財務報表的主要表由這幾種表構成。

在主要表外,視需要編製各種計算表或明細表,以補充主要表的相關科目的內容。例如右圖所示銷貨成本計算表、財產目錄、股東權益變動表等即是。

總之,財務狀況雖由資產負債及股東權益三者構成,但是其所以變成目前的狀態,除三者本身相互消長外,其主要原因乃來自經營的得失,因此吾人獲致兩項結論:

第一、資產負債表是結果而損益表為其原因。

第二、因經營結果而增減的股東權益數字,應該和股東權益變動表中所表示的有關數字相符。

財務報表的體系

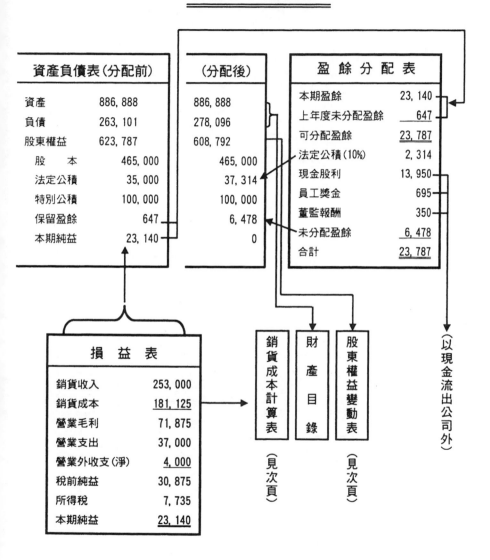

賣買業的銷售成本

期初存貨	$ 12, 400
本期進貨	179, 716
期末存貨	- 10, 991
銷貨成本	$181, 125

$$A+B-D=C$$
$$A+B=C+D$$

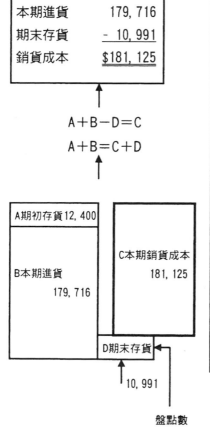

A期初存貨 12, 400

B本期進貨 179, 716

C本期銷貨成本 181, 125

D期末存貨

10, 991

盤點數

製造業的銷貨成本

計算製造成本	原料	
	期初存貨	$ 9, 923
	本期進貨	47, 534
	期末存貨	- 6, 325
	本期耗用原料	51, 132
	人工成本	65, 805
	間接費用	38, 779
	本期製造成本	$155, 716
計算製成品成本	期初在製品存貨	$ 37, 212
	本期製造成本	155, 716
	期末在製品存貨	- 13, 212
	本期製成品成本	$179, 716
計算銷貨成本	期初製成品存貨	$ 12, 400
	本期製成品成本	179, 716
	期末製成品存貨	- 10, 991
	銷貨成本	$181, 125

股東（業主）權益變動表（88年度）

	股　本	保　留　盈　餘			合　計
		法定公積	特別公積	未分配盈餘	
87. 12. 31餘額	465,000	35,000	100,000	647	600,647
88年度盈餘				23,140	23,140
88. 12. 31分配前餘額	465,000	35,000	100,000	23,787	623,787
八十八年盈餘分配　法定公積		2,314		-2,314	0
特別公積				0	0
發放股利				-13,950	-13,950
員工獎金				-695	-695
董監事酬勞				-350	-350
88. 12. 31分配後餘額	465,000	37,314	100,000	6,478	608,792

盈餘分配表（88年度）

資產負債表（盈餘分配前）	（盈餘分配後）
股　本　$465,000	$465,000
法定公積　35,000	37,314
特別公積　100,000	100,000
未分配盈餘　647	6,478
本期盈餘　23,140	
合計　$623,787	$608,792

本期盈餘	$23,140
上年度未分配盈餘	647
可分配盈餘	$23,787
法定公積(10%)	$ 2,314
特別公積	
現金股利	13,950
員工獎金	695
董監報酬	350
未分配盈餘	6,478
合計	$ 23,787

註) 本資料係為讀者與上表比較的方便，重錄 P.43 的部份資料。

1.3.6 會計原則的體系

　　會計成為會計學應有其理論依據，學術文獻也在不斷地追求探索更完善的理論基礎。從近代會計有關的基本功能(Functions)測定、傳達及管理三因素來看，為完成這些功能，會計必須從現實環境的認識中獲得基本假定(概念)，而在此假定下，經過實踐的慣例探索會計處理的規範，形成一般公認的會計準則。

　　會計為社會科學，故其原理或基本假定均隨社會發展而演變，不像自然科學定律所具之權威，亦不若法律條文所具之莊嚴，充其量不外乎為一般所公認之準則或概念而已。

　　近代會計對於會計上公認的準則各界稱呼不一，例如會計習慣，基礎概念，或基本假定等等，同時其包括的內容也略有出入，本書採取「基本假定」一詞。基本假定有企業實體，賡續經營及貨幣測定等三種假定。會計理論在這些基本假定的大前提下，衍生特殊觀念和一般原則，作為會計處理的準繩或規範，以期產生企業利害關係人所期望的、可信賴的會計資訊。這三者的關係體系可列表如右頁。

　　有關基本假定、基本觀念及基本原則的詳細內容請參閱拙著"財務報表分析ABC"一書或其他相關書籍。

會計原則的體系

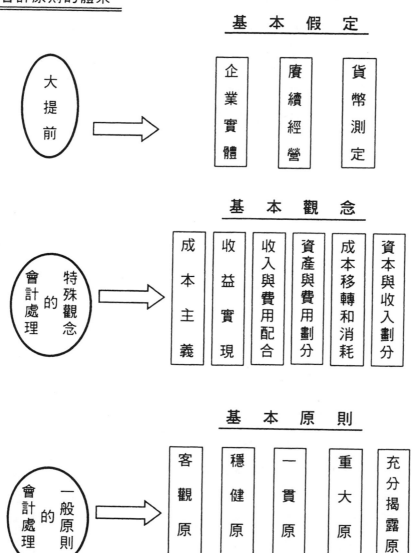

基 本 假 定

大提前

企業實體　繼續經營　貨幣測定

基 本 觀 念

會計處理的特殊觀念

成本主義　收益實現　收入與費用配合　資產與費用劃分　成本移轉和消耗　資本與收入劃分

基 本 原 則

會計處理的一般原則

客觀原則　穩健原則　一貫原則　重大原則　充分揭露原則

1.3.7 一般人士可避開簿記

一般而言，如從學習簿記開始，有時反而會迷失會計。簿記是帳簿記錄的技術，是會計人員必備的知識，但是對一般企業人士不一定是必須深入了解。這種情形猶如要求「要瞭解個人電腦應從學習編寫電腦程式開始」一樣。

詩人哥德絕讚「會計為人類創造的最高的東西之一」。其基礎雖然在簿記，但是係對日常交易做記錄，並產生決算書的「程序」，一般人士不必考慮該程序如何，可視其為「黑箱Black box」，而將重點放在其產品(Output)決算書。

決算書包括很多資訊，各資訊如交響樂團的樂器互相影響，以數據來表達企業的形態。其互相的關係如§1.3.5節的財務報表的體系圖所示，是錯綜複雜的。雖然如此，一般人士要了解企業時可從閱讀、分析決算書著手而避開簿記程序。

當閱讀決算書時常會遇到，P/L和B/S何者較重要的問題。兩者均為決算書不可缺少的報表，等於車輛的兩輪，其重要性應相等。但是一般比喻說：P/L為某一期間的成績單，B/S為期末的健康診斷書，那麼雖然成績優異，如健康上有問題就不妥當呢。健康並非某一天的狀況而已，是受過去生活習慣或體質的影響成為目前的「體格」。因此雖然應重視B/S，但是如企業賺錢能力有限時仍會面臨倒閉的危機，故建議可從較易於了解的P/L著手。

第二章

如何閱讀資產負債表(B/S)

看看企業的實力

摘要
<看看企業的實力>

△ 看企業的財務狀況可從二方面下手，第一為是否賺錢的收益性分析，另一為是否面臨危機的安全性分析。

△ 閱讀資產負債表(B/S)的重點可以說對企業安定性的了解，也是對企業財務結構平衡性的了解。企業如顧賺錢而忽略危機意識時，對經營者而言當然不能說是稱職的企業家，對投資家而言很難引起他們對這種企業有投資意願，銀行家更是敬而遠之。

△ 安全性要注意企業的償債能力，企業賺錢再多，如現金支付發生問題，將面臨倒閉的命運，本章以 B/S 為中心介紹資源的「存量」（資產、負債、業主權益）在 B/S 的排列原則，然後利用其排列上的特性探討資產、負債、業主權益的關係，進而判斷企業安定性的良窳。

△ 最後介紹〝企業倒閉警訊系統〞供讀者參考。

2.1 掌握概況

2.1.1 資產負債表的排列法

　　§ 1.2.6節所編製的T型報表(P.33)，以簿記的彙計單位會計科目表達時，則可編成如右頁上表的財務報表，這就是我們看到的資產負債表。又在下表轉錄台電公司八十九年度資產負債表供參考。

　　B/S的左邊列示企業各資產，資產主要區分為流動資產和固定資產。右邊列示負債及業主權益，負債也主要區分為流動負債和固定負債。流動、固定的區分基準為，一年內可變現的資產歸為流動資產，需一年以上始變現者歸為固定資產。負債中一年以內需償還者歸為流動負債，以一年以上的期限去償還者歸為固定負債。這種基準稱為一年基準（One year rule）。其他也有營業循環基準等。

　　業主權益（資本）區分為股東出資的資本，從各年度盈餘提列的各種公積及保留盈餘（未分配盈餘）等三大類。業主權益有時以「股東權益」或「淨值」等名稱編列，以表達包括內容的含義。

　　B/S的各科目的排列，資產以變現速度快慢順序，負債以償還日期的早晚次序排列。此法稱為〝流動性排列法〞。依會計學家李德頓（A.C Littleton）說：「由於B/S有規定的排列法，可大幅提高對其瞭解，但是利用者對於排列本身所具有的意義要充分了解。例如流動資產通常排在最前面，但是利用者如未將流動資產和右邊的流動負債對照來看時，將失去其部份意義，亦即兩者比較始能發覺重要的第三種事實。」

　　總之，我們應培養，同時觀察「可看到的東西」和「看不到的東西」的觀點，也就是以左右兩邊對照來探討的眼光，如此才能掌握財務狀況的重點。

ＸＹ公司
資產負債表

×　×　年　度　　　　　　　　　　　單位：百萬元

資　　　　　產		負　　　　　債	
流動資產		流動負債	
現　　金	230	應付帳款	100
應收帳款	400	固定負債	
存　　貨	100	長期借款	500
固定資產		**業　主　權　益**	
房屋設備	200	資　　本	200
		保留盈餘	130
資產總計	930	負債及業主權益總計	930

台灣電力股份有限公司
資產負債表
中華民國八十九年十二月三十一日

單位：新台幣百萬元

項　　目	金　額	項　　目	金　額
資　　產		負債及業主權益	
流動資產	44,990	流動負債	154,984
現　金	3,452	長期負債	442,560
應收款項	22,964	其他負債	42,646
存　貨	17,593	負債合計	640,190
其他流動資產	981		
基金、長期投資及應收款	6,629	資　　本	330,000
固定資產	1,076,527	資本公積	113,051
無形資產	7,200	保留盈餘	60,186
其他資產	8,081	業主權益合計	503,237
資產總計	1,143,427	負債及業主權益總計	1,143,427

(註)錄自台電公司九十年股東常會會議紀錄，單位改為百萬元。

2.1.2 以百分比 B/S 掌握概況

B/S由於公司規模的龐大化，各科目的金額會增加而複雜化，因此要一見就瞭解比較困難。如改編如右頁上欄的百分比資產負債表（以總資產爲100%）則可以對B/S的輪廓一目了然。(詳細分析容後再述)

在右頁的表出現了若干新的名詞擬說明如下；

流動資產是可以隨時變現的資產，其中原料、在製品等的庫存稱爲〝存貨〞。又，從流動資產減去〝尚未銷售〞的存貨後的其餘資產會計上稱爲〝速動資產（Quick assets）〞，假如存貨以外尚有雜項流動資產時也應減去此部份。速動資產的內容爲，現金、銀行存款，應收款項等。應收款項可再分爲應收票據和應收帳款，相對地，應付款項包括應付票據和應付帳款。將這些項目在表中分別列示時更易於掌握財務結構。

至於屬於下半段的固定資金，在財務結構的分析上較少涉及細目，故可暫不做詳細分類，通常以固定資產，固定負債和業主權益（淨值）三大類列示。

茲將（§ 2.1.1節）列舉的XY公司和台電公司的資產負債表以百分比B/S表示如右頁下欄。兩公司的概況比§ 2.1.1節以實數表示者更可一目了然的掌握，同時也更容易做兩公司的概略比較。

百分比B/S

流動資產 65%	速動資產 45%	現　　金	10%
		應收帳款	35%
	存　　貨		20%
固定資產			35%

流動負債 55%	應付帳款	25%
	短期借款等	30%
固定負債		25%
業主權益		20%

XY公司

			%
流動資產	78	流動負債	11
固定資產	22	固定負債	54
		資　　本	35
計	100	計	100

台電公司

			%
流動資產	4	流動負債	14
基金投資	0	長期負債	39
固定資產	94	其他負債	3
其　　他	2	資　　本	44
計	100	計	100

2.2 B/S 要分上下二段來看

2.2.1 B/S 要分上下二段來看

公司有時會倒閉，尤其是在景氣低迷時，公司本身未倒閉前可能受往來公司的拖累而陷入危機。例如往來公司的應收帳款無法收回，引起推銷業績的血本無歸。因此應培養從往來公司的B/S快速判讀該公司有無危機存在的能力。

右頁列示A和B兩公司的B/S。能否在30秒內判定哪一家財務體質較好？其理由何在？請先以直覺判定方式決定哪一家較好。

乍看之下，大家都會直接感覺到B公司較好，為什麼較好，讓我們在下節開始逐步檢討，應從何處著手，依什麼次序看下去等問題。

B/S各科目如從資金的動態看，依其週轉速度劃分為；每天在不斷運轉的資金，另一為長期呆滯的資金。換言之，可分為營運資金和固定資金。依此種分類原則將B/S分為上下兩段觀察時，（如右頁下欄），則可充分利用B/S的流動性排列法來了解企業的財務結構。

一般書籍對企業的安全性分析時常介紹的自有資本比率、流動比率、速動比率、固定比率等，如瞭解上述觀察法時，其分析將更為生動。

A 公司

流動資產 60%	速動資產 40%	流動負債　55%	
	存貨 20%		
固定資產　40%		固定負債　25%	
		資　　本　20%	

B 公司

流動資產 50%	速動資產 30%	流動負債　25%
	存貨 20%	固定負債　20%
固定資產　50%		資　　本　55%

B/S分為上下二段來看

流動資產	流動負債
	固定負債
固定資產	資　　本
其他資產	

上半段為營運資金，應以流動資產和流動負債互相對照來看

下半段為固定資金，應以固定資產（＋其他資產）與固定負債、資本互相對照來看

2.2.2 B/S 的第一個著眼點——自有資本比率

B/S的第一個著眼點是自有資本比率（見公式2.1）。企業的利潤無法提高會引起自有資本比率的惡化。

企業在高度成長時期（實際上為泡沫經濟）以借款投入設備來擴大銷售的情形很普遍。此時雖然要支付利息，但仍可獲得更多的利潤，（詳情後述）。尤其是在通貨膨脹下更助長舉債經營，因此雖然總資產在增加，但是自有資本並未比例增加，形成自有資本比率下降的現象。當進入景氣低迷時期，利息成為重擔壓迫利潤，最後危及企業的安全。

自有資本比率的偏低，從〝B/S的觀點〞看可以知道，此種現象在表示，對設備或關係企業的投資（固定資產），或每天的營業活動所需的庫存或應收帳款、應收票據等營運資金（流動資產），大部份以別人的資金（其中最大者為借入款）來支應。所以不管銷售情形如何，隨著時間的經過，將成比例地產生利息，成為不景氣時易於感冒（抵抗不景氣能力差）的體質。

一方面，為設備投資或營運資金所舉的借款，隨時面臨償還的壓力，該企業的資金調度的窘境可想而知。

本比率係最直接表示財務體質的指標，其分級情形如右頁下圖。

前例A.B兩公司的財務體質指標分別為20%和55%，如參照右頁分級法，A公司在「安泰」邊緣，B公司的情形相當理想。

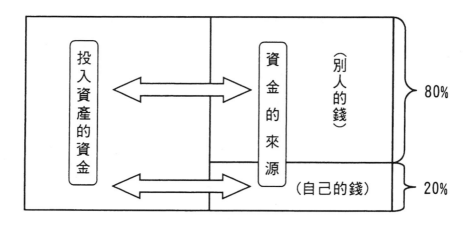

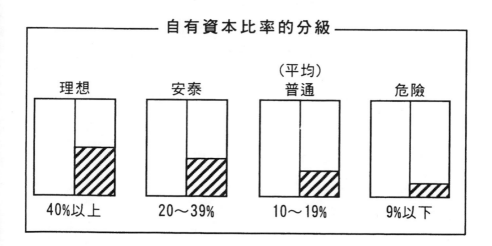

2.2.3 B/S 的上半段──償債能力

看B/S的第二個著眼點是償債能力。茲再以前例比較A公司和B公司的〝隨時可變現的資產〞（流動資產）時，A公司比較大依此可否斷定A公司的償債能力較佳呢？答案是No.我們應同時看右邊（看不到的一方）的〝隨時需償還的借款〞（流動負債）。

〝隨時可變現的資產〞和〝隨時需償還的負債〞之差（流動資產和流動負債之差）表示「償債能力」，會計用詞稱之為淨營運資金（Net working capital）。

流動資產和流動負債的比率（流動資產／流動負債）稱為流動比率（見公式2.2），作為短期償還能力的指標。本比率越高表示償債能力越強。

一般會計學採用歐美的〝2 to 1原則〞，亦即希望比率在200%左右。其理由為流動資產多出流動負債一倍，萬一流動資產被評估只有半價時仍有能力償付流動負債。

前例依此法分析，可判斷B公司的償債能力較強，（見右頁圖）。

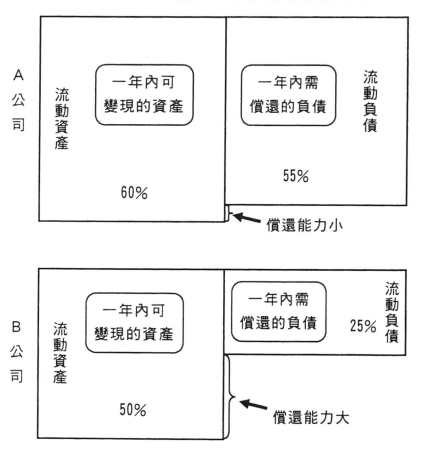

公式2.2　　　流動比率 = $\dfrac{流動資產}{流動負債} \times 100$

2.2.4 更嚴格地分析償債能力

　　前面我們將流動資產視為「可隨時變現的資產」，但是其中包含庫存材料、商品等是否能變現尚未確定的資產。所以雖然流動資產很多，假如多屬於存貨時不能全部視為償債能力。故以流動資產減去存貨的〝更確實能變現的資產〞，也就是前述的「速動資產」和「流動負債」比較。

　　這種速動資產／流動負債所得之比率稱為「速動比率」（見公式2.3），或「酸性比率」。對經營者而言，既酸又更嚴格的比率，也是銀行家最重視的指標。本指標通常以保持100%為度。

　　前例，A公司為負數，B公司為正數，故可以知道B公司具有更確實的償債能力，（見右頁圖）。

　　以比率分析方法做經營分析時，往往遇到很難記住公式的情形。就是記住公式也很難體認實際的意義而無法應用。某公司倒閉時，另一公司的負責人向會計主管提示某公司的B/S，P/L。問他「能否一見就看出危機？」，該會計主管注意到的並不是比率，是B/S左右「相關」科目的金額的差額。能了解先以差額方式去看，就表示充分掌握比率所代表的意義，也可以舉一反三的應用。所以經營分析有時差額（量）比比率更具意義。

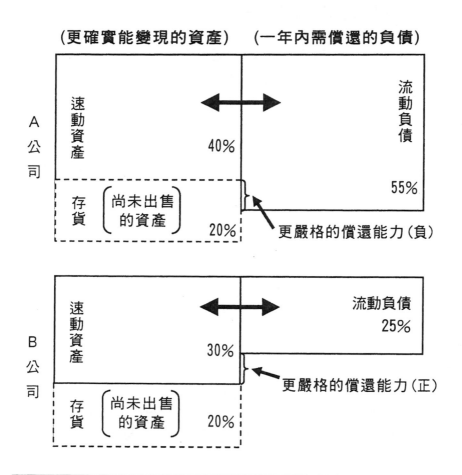

（更確實能變現的資產）　（一年內需償還的負債）

A公司
速動資產　40%
存貨 ｛尚未出售的資產｝ 20%
流動負債 55%
更嚴格的償還能力（負）

B公司
速動資產　30%
存貨 ｛尚未出售的資產｝ 20%
流動負債 25%
更嚴格的償還能力（正）

公式2.3　　速動比率＝ $\dfrac{速動資產}{流動負債} \times 100$

2.2.5 B/S 的下半段——安定性

如前述，將B/S分爲上下二段來看的方法係看出財務結構的技術。前面我們已陸續檢討B/S的上半段，亦即流動資產對流動負債的償債能力，那麼B/S的下半段表示什麼？

看B/S的下半段時，首先可着眼「固定資產」對「自有資本」。固定資產表示設備投資等〝資金的長期固定化運用〞（例如設備或建築物要分10～20年提折舊），不像流動資產可在短期內變現。所以對固定資產的投資資金應以〝不必償還〞的資金「自有資本」來支應才安全。

固定資產對自有資本所表示的比率稱爲「固定比率」（見公式2.4）。由本比率的歷年趨勢可測知企業歷年設備投資的影響，也可以看出企業的長期性體力（長期性不景氣抵抗力）。

依上述眼光看，前例A公司的自有資本僅能滿足固定資產投資的乙半，其餘乙半由需償還的長期借款等他人資金來支應。相對地，B公司的固定資產投資完全由自有資本支應，在長期不景氣下投資設備的資金不致被迫償還，是安定的財務體質，（見右頁圖）。

在正常情形下，本比率保持低於100%，如高出100%表示不但固定資產無法由自有資金支應，營運資金也要靠借款，如超過200%時則應注意企業資金調度的安定性。

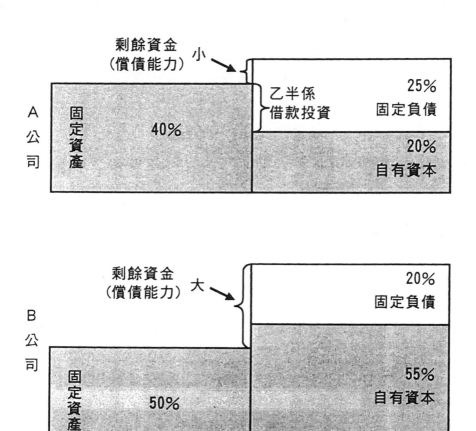

公式2.4　　　固定比率＝ $\dfrac{固定資產}{自有資本} \times 100$

2.2.6 危機警訊指標

在會計書籍出現的經營分析比率五花八門，初學者或非會計專業人員有時無從適應。

茲介紹日本三井情報開發公司為往來戶的信用分析所整理的〝企業倒閉警告系統（BRAINS）〞如右頁。該系統對會計書籍介紹的45種經營分析指標，利用電腦做主成分分析來整理，其結果只用其中的前4種就可以判別約70%的狀況，如再加4種則可判別達95%的狀況。

這系統給我們的啟示是，通常做企業分析時要熟悉的財務比率不必多，對其中重要者，那怕是少數幾種，要徹底瞭解，而能隨時應用它。

在該系統中，在敏感度的「頂尖組」出現者，就是前面所介紹的看B/S的著眼點中的自有資本比率和速動比率。這兩種比率表示基本性的B/S的感覺。因此建議對這些有了充分的了解後才進一步追查（Breakdown）下去。在追查時最能發揮威力者就是資產的週轉期間分析，例如右頁⑤、⑥及⑦（詳後述）。

另外，該系統對B/S右邊的最大項目借款也提出「借款依靠度」的測驗公式（見右頁公式2.6），其標準為，在24%以下為安全，相反地，如在52%以上就相當危險。這比率與一般所謂「負債比率」（見右頁公式2.7）的性質相同，是很有用的比率。企業在成長期易於仰賴舉借經營，其結果形成自有資本比率的降低，他人資本增加的惡性循環。本比率以100%或以下為理想。

企業倒閉警告系統[註]

	本書介紹的章節
①自有資本比率	§2.2.2
②速動比率	§2.2.4
③經常收支比率	（見下欄）
④借款依靠度	（見下欄）
⑤應收帳款週轉期間增加率	§3.1.1
⑥應付帳款週轉期間增加率	§3.1.1
⑦存貨週轉期間增加率	§3.1.1
⑧營業利益利息支出比率	（見下欄）

註 Hansen, McDonald and Stice (1992)提出一個類神經網路模型，其中的「財務危機信號」與此系統有異工同曲之內容。

公式2.5　　經常收支比率 $= \dfrac{經常支出}{經常收入} \times 100$

公式2.6　　借款依靠度 $= \dfrac{長、短期借款＋公司債＋貼現支票}{總資產＋貼現支票}$

公式2.7　　負債比率 $= \dfrac{負債總數}{業主權益} \times 100$

公式2.8　　營業利益利息支出比率 $= \dfrac{營業利益}{利息支出} \times 100$

公式2.9　　利息保障倍數 $= \dfrac{本期稅後純益＋利息支出}{利息支出}$

2.3 B/S 分析實例

2.3.1 優良公司

茲例示某優良公司的B/S，資料如右頁。

〈第一的著眼點〉自有資本比率為44%，屬於良好的財務體質。

〈第二的著眼點〉償債能力（流動資產和流動負債的差額）有相當的分量，就以速動比率來看仍有剩餘資金，（速動資產和流動負債之差）。

本實例的B/S的特徵之一為自有資金的雄厚。自有資金中扣除須分配股息的資本後，其餘部份屬於完全無利息的自有資金，已達資本額的6倍多。假如當期發生虧損時，仍能利用各種公積維持配息，所以此部份的累積量就成為抵抗不景氣的指標。本例公司對於不景氣的應付能力很強。

B/S的右邊下半段為資本部份，就是自有資本，本部份會計上的名稱很多，例如〝淨值〞業主（股東）權益〝等。本實例此部份出現較複雜的內容，但一般可粗分為；資（股）本、公積及保留盈餘三種。

(1)資本為股東（業主）在創業時的原始投資，屬於法定資本額，嗣後的增資、減資須依法定程序為之。

(2)公積為隨著企業的成長依法或經股東大會的同意從年度盈餘中保留於企業，作強化企業財務體質的本錢。

(3)保留盈餘又稱為未分配盈餘，是年度盈分配業中已指定的分配項目外的剩餘部份，留待以後年度分配。

優 良 公 司 的 B/S

流動資產 60%	流動資產 49%	速動資產	現　　金　21%	應付帳款　14%	流動負債 43%	負債 56%

2.3.2 危險公司

右頁為某破產公司倒閉前的B/S資料。

〈第一著眼點〉自有資本比率由於自有資本被吞噬，呈負5%的狀況（債務超過），可以想像自有資本比率成滾雪球般的財務惡化。自有資本比率的安全性指標在在說話。

〈第二著眼點〉從償債能力看，流動比率和速動比率均大幅破100%關卡。

如進一步，看償債能力的內容時，應付帳款也大幅超過應收帳款。似在不尋常的開出應付支票（支票的過度開出），表示其資金調度的困境。當然，應付票據的跳票將成為倒閉的直接原因。

國內以支票付帳（企業間信用）非常普遍，速動比率中應付應收票據的比例很大。資金調度也常看到以應收票據的收入來支應應付票據的清算案例。因此，如屬於應收票據方式銷售的比重過高的企業，當應收帳款大於應付帳款時，由於現金的主要來源的不穩定會直接影響資金調度的困難。

企業倒閉的直接原因大部份起因於支票的跳票，所以兩者的互動是安全性的關鍵。

危 險 公 司 的 B/S

流動資產 65%	現　　金 16%	應付帳款 51%	流動負債 82%	負債 105%
	應收帳款（不良債權多）33%			
	存　　貨 16%	短期借款 31%		
固定資產 35%	有形固定資產 35%	固定負債 23%		

吞噬自有資本，成為虧損 ←（資　　本　△5%）

2.4 自己試試看(1)

<問題> 下面的數字是甲子公司三年間的B/S，讓我們分
析該公司的安定力。

甲　子　公　司

單位：千元

項目 ＼ 年度	88	89	90
流動資產	1,965	1,980	2,115
速動資產	1,350	1,350	1,485
其他資產	615	630	630
固定資產	1,770	2,085	2,325
合　　計	3,735	4,065	4,440
流動負債	1,830	1,950	2,085
固定負債	615	795	1,005
業主權益	1,290	1,320	1,350
合　　計	3,735	4,065	4,440

請計算右頁表所列各項比率，並填入結果，據此檢討
下列各點：

①首先請看自有資本比率、負債比率的水準和趨勢

②流動比率、速動比率的水準和趨勢

③固定比率、固定長期適合比率的水準和趨勢

④甲子公司的財務安全性在那裡有問題

解答請看右頁。

<解答>

甲　子　公　司

單位：%

比率 ＼ 年度	88	89	90
自有資本比率	34.5	32.5	30.4
流動比率	107.4	101.5	101.4
速動比率	73.8	69.2	71.2
負債比率	189.5	208.0	228.9
固定比率	137.2	158.0	172.2
固定長期適合比率＊	92.9	98.6	98.7

① 甲子公司的負債比率88年在健全的水準，但是89、90
　 兩年開始惡化，加之自有資本比率在下降，而超出健
　 全的水準，（35%以下）。

② 流動比率和速動比率均在下降趨勢，但幅度並不大。

③ 固定比率從一般安全性水準看已屬不佳，然而89、90
　 兩年在繼續惡化。至於固定長期適合比率雖在100%
　 以內，但是89、90兩年也在惡化中。

④ 甲子公司在89、90兩年度均有10～20%左右的擴充，
　 其資金來源並非來自自有資本，是用固定負債支應，
　 使安全性的各種比率下降，致財務安全性在下降中。

＊
公式2.10　　固定長期適合比率 ＝ $\dfrac{固定資產}{自有資本＋固定負債} \times 100$

第三章

如何閱讀損益表(P/L)

看看企業的成績單

摘要
＜看看企業的成績單＞

△企業經營以賺錢為首要目標。企業是否賺錢可從二方面
去看它，一為直接從利益面看的收益性分析，另一為從
資本面看的資本使用效果的效率性分析。

△本章首先將重點放在了解企業活動的「流量」在損益表
（P/L）如何表達。然後以一般常用的企業綜合指標一
總資產報酬率切入，介紹企業獲利率（收益性）和週轉
率（效率性）的關係，以期概略地了解閱讀 P/L 時，不
能忽略的 P/L 和 B/S 的關係。

△收益性分析中的獲利率係銷貨收入和各種利益的比率，
因此必須介紹不同利益的意義，然後對影響利益的最大
項目銷貨成本等做詳細敘述。

△最後，對一般人士希望了解的事情，賺到的錢（盈餘）
如何分配，如何交給 B/S 做簡單的說明。

3.1 掌握概況

3.1.1 企業的綜合指標——收益力

閱讀會計書藉一定會出現下面的著名公式：

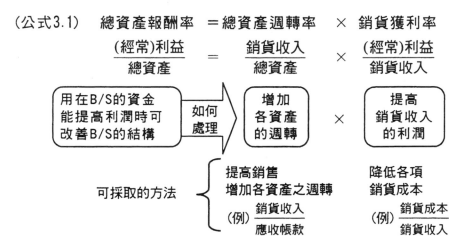

(公式3.1)　　總資產報酬率　＝總資產週轉率　×　銷貨獲利率

$$\frac{(經常)利益}{總資產} = \frac{銷貨收入}{總資產} \times \frac{(經常)利益}{銷貨收入}$$

策略上要改善公式左邊的報酬率，從上面公式得知應設法將公式右邊的總資產週轉率↗和銷貨獲利率↗。這兩項比率由右頁所列層次圖得知，係由很多比率構成。因此某項比率的改善，依層次圖得知可逐次向更低層的公式尋找改善的項目。例如增加流動資產週轉率，可檢討應收帳款、存貨等週轉率。這些比率將涉及P/L及B/S中的各科目，因此除B/S已在前章介紹外，本章將介紹如何閱讀P/L。

日本經營之神松下幸之助氏是徹底重視資金效率策略的第一人。他主張「不是單純的提高銷貨收入，而以增加資產週轉率來改善B/S」。也就是同時重視P/L和B/S的關係，所以松下電器集團採取，以推行內部資金制度來重視B/S的管理，故松下有雄厚的存量(Stock)，其祕密就在此。

總資產報酬為中心之各比率結構層次圖

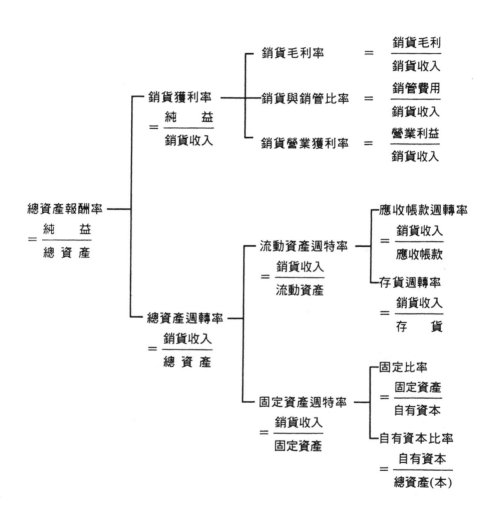

3.1.2 P/L 表達各種利益的經歷

報告式P/L在表達四個階段的利益，以期自動的評估企業各階段的收益力，該表的一般格式如右頁。

「營業毛利」又稱為「銷貨毛利」或簡稱「毛利」，是表示企業的市場競爭力。本項減去推銷、管理及研發等營業上必須的開支後就是「營業利益」。本項表示營業活動的結果，是企業「本業」的收益力。

企業活動除上述推銷等活動外，因為資金運用而發生的利息收支也屬於企業的經常活動之一，因此必須將此類收支予以加減求得表示經常性活動所獲得之「經常利益」，這項是表示企業正常收益力的重要指標。一般所謂增收減收就是指經常利益的增減，但是業績不錯應指營業利益的強勢。

P/L最上面的項目銷貨收入，在景氣低迷時很難成長，假如B/S的結構不佳時，營業外收支欄的利息負擔將成為重擔，大幅減少經常利益。因此我們在閱讀P/L時也不得不重視B/S的最適架構策略。

企業經營難免發生意料不到的「較大額」收入或損失，例如颱風災害損失為台灣典型的特別損失。因此當期的實際利益必須從經常利益加減特別收入和損失。此項利益尚未扣除應繳法人所得稅，故通常稱為「稅前本期利益」以便與扣除後的「本期純益」區別。

損益表表達的內容

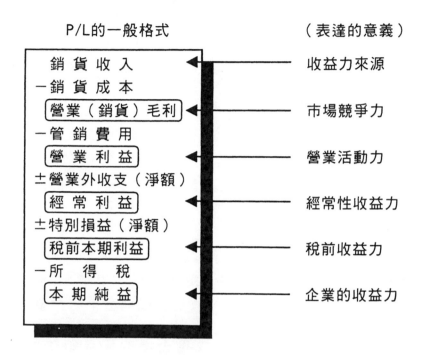

P/L的一般格式　　　　　　　（表達的意義）

銷貨收入	收益力來源
－銷貨成本	
營業（銷貨）毛利	市場競爭力
－管銷費用	
營業利益	營業活動力
±營業外收支（淨額）	
經常利益	經常性收益力
±特別損益（淨額）	
稅前本期利益	稅前收益力
－所得稅	
本期純益	企業的收益力

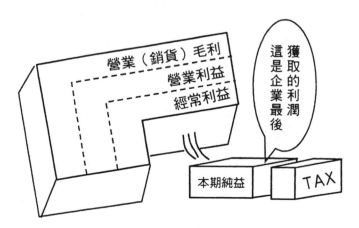

3.1.3 銷貨相關因素的分析

銷貨相關的因素與銷售之關連程度，由於業種的不同而有差異，所以能掌握這些因素的關連性，在經營策略的研訂上有很大的意義。這些因素包括：推銷員人數，廣告宣傳費，銷貨手續費等。

在商業，每人的銷貨收入或利潤是代表性的指標。人數宜採用期初和期末的平均數。如推行省力化業績會提昇，所以一般而言此項金額在設備密集產業較勞力密集產業大。

用人費比率可作爲衡量合理化的程度或與同業競爭對手做比較。用人費的內含雖然因企業而異，但是在不景氣時都會成爲固定費而壓縮利潤，故易於成爲重整的對象。

〝R＆D比率10%〞一時成爲企業的經營策略的指標，尤其是在高科技產業，「研究開發費比率」往往成爲長期成長性的衡量指標。

連鎖店方式的業種和以較小賣場做量販高單價商品的業種（鐘錶、照像機、寶石），每店鋪或每賣場面積的銷貨收入成爲重要的管理指標。在日本稅捐機關以每人，每 m^2 的銷貨收入分析查核有無異常值。

（公式3.2）每人銷貨收入(營業利益) $= \dfrac{\text{銷貨收入(營業利益)}}{\text{員工人數(或推銷人員)}}$

（公式3.3）用　人　費　比　率 $= \dfrac{\text{用人費總數}}{\text{銷貨收入}}$

（公式3.4）研發費比率（R&D比率） $= \dfrac{\text{研究開發費}}{\text{銷貨收入}}$

3.1.4 P/L 的初步研判——互比方式

在此我們來熟悉報告式P/L的看法。右頁案例係以百分比表達的兩公司P/L，其本期利益均為6%，並假定其他條件兩公司相差無幾時，哪一公司的收益力較強，為何？

讓我們從上欄依序看下去。對銷貨收入100%減去銷貨成本的結果，在銷貨毛利階段，X公司為19.7%，Y公司為22.4%，因此假如沒有存貨的異常增加情形（詳細理由見§3.2.1節）表示Y公司對於抑低成本較有成效。

銷貨毛利尚須扣除推銷、管理及研發等經費，這些經費，X公司為9.7%，Y公司12.4%，故X公司在經費節省方面較佳。使得扣除這些經費後的基本性的收益力「營業利益」均為10%。

其次，關於營業外收支，首先利息收入或投資收入等營業外收入兩公司均為1%，至於主要內含為利息支出等資金成本的營業外支出Y公司為4%，相對地X公司達6.6%，其結果在表示企業經常收益力的「經常利益」階段，X公司較Y公司劇減為4.4%。由此可以推察，與Y公司比較X公司的B/S可能有惡化的現象。

對經常利益加減特別損益後，最後的「稅前本期利益」均為6%。X公司係加上與當期營業活動無關的特別收入的結果所以多少有虛增盈餘之感，故雖然表面上兩公司本期利益相若，但是實際上Y公司的收益力較強。

N年度資料

單位：%

科　　　　　目		X 公 司	Y 公 司
經常收支部份	銷　貨　收　入	100.0	100.0
	銷　貨　成　本	80.3	77.6
	銷　貨　毛　利	19.7	22.4
	管　銷　費　用	9.7	12.4
	營　業　利　益	10.0	10.0
	營　業　外　收　入	1.0	1.0
	營　業　外　支　出	6.6	4.0
	經　常　利　益	4.4	7.0
特別損益部份	特　別　收　入	3.6	1.0
	特　別　損　失	1.0	2.0
	稅前本期利益	6.0	6.0

. P/L 有二種方式，一為與同業間比較的「互比方式」，另一為自己公司前後若干年度比較的「自比方式」。

互比方式除非規模大小相似的同業間以實數互比外，以百分比 P/L 做比較分析，較容易掌握概況。

在此應注意，前面所述百分比 B/S 係以總資產為 100% 來表示，但是以百分比表達的 P/L 通常係以銷貨收入為 100%。

3.1.5 P/L 的初步研判——自比方式

前面以X公司與同業Y公司做互比方式的比較分析,茲取得X公司三年來的P/L資料如右頁上段表。我們以自比方式來分析該公司的收益力情形。(註:N年就是上面互比方式所用資料)。

前面以互比方式探討X、Y兩公司的收益力時,我們已察覺X公司的經常利益的不正常,因此在此做自比方式的分析時,可將分析重點放在經常利益惡化的原因。

首先計算右頁下段表所列的各項比率。據各欄的比率檢討各比率的變化趨勢,探討影響銷貨收入經常利益比率變化的因素。為檢討方便特列舉X公司的銷貨成本明細供參考。計算結果如右頁X公司各種比率表。

首先看銷貨收入經常利益率,此比率逐年下降,此種趨勢當然不理想。追查其原因,可注意到銷貨成本率在逐年增加,因此壓迫銷貨毛利率大幅下降。

該公司管銷費用逐年減少,表示在節省費用方面下了功夫,而對挽救營業利益比率的回穩有了貢獻。但是,該公司的問題關鍵在銷貨成本結構比率的變化。材料費率大幅上升,此因素將銷貨成本率推高,加上利息支出佔大部份的營業外支出大幅增加,使經常利益比率惡化。

×　公　司

單位：百萬元

項目　　　　　　　年度	N－2	N－1	N
銷　　貨　　收　　入	1,410	1,460	1,520
銷　　貨　　成　　本	1,077	1,150	1,220
銷　　貨　　毛　　利	333	310	300
管　　銷　　費　　用	200	180	148
營　　業　　利　　益	133	130	152
營　　業　　外　　收　　入	15	15	15
營　　業　　外　　支　　出	68	75	107
經　　常　　利　　益	80	70	60
銷貨成本明細　材　料　費	557	610	660
人　工　費	320	340	360
製　造　費　用	200	200	200
計	1,077	1,150	1,220

×　公　司　各　種　比　率　表

單位：％

項目　　　　　　　年度	N－2	N－1	N
銷貨收入經常利益比率	5.7	4.8	4.4
銷　貨　成　本　率	76.4	78.8	80.3
銷　貨　毛　利　率	23.6	21.2	19.7
銷貨收入管銷費用比率	14.2	12.3	9.7
銷貨收入營業利益比率	9.4	8.9	10.0
銷貨成本結構比率　材　料　費	51.7	53.0	54.1
人　工　費	29.7	29.6	29.5
製　造　費　用	18.6	17.4	16.4
計	100.0	100.0	100.0

3.2 銷貨成本

3.2.1 銷貨成本是什麼？

閱讀P/L時，首先遇到的科目為銷貨收入和銷貨成本，了解銷貨成本的計算方法等於理解會計上所述的成本費用和資產的不同。

從銷貨收入減銷貨成本可求得銷貨毛利，那麼銷貨成本是什麼？好像大家都很熟悉而常用的名詞，但是要說明就不簡單。假如答覆「銷貨成本就是購料的成本」，或「製造東西的成本」就不對了。因為會計上的銷貨成本與一般人士的了解稍有出入。

會計上銷貨成本的詳細計算程序如右頁表，（以製造業為例）。在「期初製成品存貨」科目表示前期結轉存貨，也就是前期未出售的製成品20個，加上本期完成的製成品60個，計有80個可供出售。但是在期末盤點結果存貨（未出售部份）有10個與銷售無關故不計入費用（銷貨成本），以存貨（資產）留在企業內，會計上紀錄則以資產留在B/S。所以為計算費用時須減去庫存部份。假如80個全部計入銷貨成本就虛增費用，變為粉飾決算。

總之，銷貨成本係指「已出售部份的成本」（上例係指實際出售的70個部分的成本），未出售部份不得以費用計入損益計算，而以資產留存企業。

損　益　表

項　　目	金　　額	（數　量）
銷貨收入	1,000	70
－銷貨成本	700	
銷貨毛利	300	

銷貨成本計算表

期初製成品存貨	200	20
本期製成品成本	600	60
合　　計	800	80
－期末製成品存貨	100	10 **
銷貨成本	700	70

**①未出售的製成品（＝存貨）係公司的財產故以資產留在B/S。
②為求銷貨成本必須做期末盤點工作，以期查點庫存數量。

3.2.2 如何計算銷貨成本

　　會計上所稱的銷貨成本計算，與日常生活常用的方法很相似，係利用前述掌握流量和存量的架構，以流進、流出和結存的個數來決定各項金額。

　　茲以冰箱裡的蛋的存出情形說明(請參見右圖)。早晨打開冰箱時，昨日剩下的蛋（S_1）5個計60元，今天補購10個150元（F.in），晚上盤點冰箱裡數量（存貨）共剩下（S_2）6個。那麼今天的存量（S_2）及使用量（F.out）以金錢看各多少？

　　我們用總平均法來計算，其答案為，今天在冰箱的蛋的總數為S_1＋F.in＝210元（15個），因此平均單價為每個14元。以此數乘剩餘的個數6個計得84元（＝14元× 6個）。此數就是會計上所稱的「存貨」。今天的使用量可以從總金額減去剩餘金額求得126元（S_1＋F.in－S_2）。此使用量在會計上稱為「當期的費用」。

　　由此得知，銷貨成本的計算係利用§ 1.2.2節的會計恒等式；前期結存（S_1）＋當期購入（F.in）－結轉次期（S_2）＝本期使用（F.out）的計算方法。

　　依此程序，將當期所發生的總費用分為，結存（存貨＝轉次期資產）和使用量（銷貨成本＝費用）兩種。其中結存記入B/S，使用量記入P/L。這種技術就是成本計算的精髓，依此程序產生B/S和P/L的相關科目的金額，（見右頁明細表）。

冰　　箱

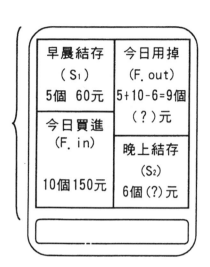

$S_1+F.in=F.out+S_2$

$S_1+F.in-S_2=F.out$

（一般買賣業）銷貨成本計算明細表

科　　　目		金　　額	數　　量	單　　價
期初存貨	S_1	60	5	12
加：本期進貨	F.in	150	10	15
合　　計		210		
減：期末存貨	S_2	84	6	14
銷貨成本	F.out	126	9	14

轉B/S
轉P/L

3.2.3 如何計算製造成本

前面以買賣業介紹銷貨成本計算的精髓，換言之成本計算係利用數量的流量和存量的關係$(S_1 + F.in - S_2 = F.out)$來決定金額。如能瞭解此原則，則可以很簡單地閱讀製造業的製造成本計算表。

右頁列示製造業成本計算程序。從該程序可獲知當期完成的產品的製造成本總數多少。

我們先從表二的製成品成本計算表看，假如在製品的期初存貨(S_1)為110千元，由表一轉來的當期投入的製造成本$(F.in)$為140千元。其中以未完成品狀態留在工廠須結轉次期的在製品(S_2)有100千元。故當期完成品的製造成本係從總額減去結轉次期部份後的150千元$(=S_1 + F.in - S_2)$。

以這種觀察法看製造成本計算表或銷貨成本計算表時，可以瞭解當期製造（或製成品）成本以何種內容發生，如何劃分為存貨（資產）和成本（費用），以及銷貨成本如何計算的概略流向。從這些流向過程得知，製造業的成本較複雜，與前面一般買賣業比較多了本期製造成本（表一）及製成品成本（表二）等計算才到銷貨成本（表三）。但是其基本程序均依$S_1 + F.in - S_2 = F.out$公式逐步計算。讀者如了解此點，對看似複雜的成本計算表可一目了然。

註）如前節，以求出單純的全體金額的方法稱為「總平均法」。成本計算尚有「先進先出法」，「後進先出法」，「移動平均法」，「產量比例法」等不同方法。

（表一）　　　**本期製造成本計算表**　　　單位：千元

原　　料		
期初存貨	30	S₁
本期存貨	90	F. in
減：期末存貨	40	S₂
本期耗用原料	80	F. out
人工成本	40	
間接費用	20	
本期製造成本	140	

（表二）　　　**製成品成本計算表**　　　單位：千元

期初在製品存貨	110	S₁
本期製造成本	140	F. in
合　　計	250	
期末在製品存貨	100	S₂
本期製成品成本	150	F. out

（表三）　　　**銷貨成本計算表**　　　單位：千元

期初製成品存貨	60	S₁
本期製成品成本	150	F. in
合　　計	210	
期末製成品存貨	84	S₂
銷貨成本	126	F. out

3.3 盈餘分配

3.3.1 P/L 將本期純益交給盈餘分配案

當本期（稅後）純益結出後，表面上P/L的任務已完成，但是這些盈餘如何分配給股東、董監事及留存企業多少等問題尚須交代。此項工作就是盈餘分配案。

公司在年度結束後法定期間內召開股東大會，審議盈餘分配案。經議決通過後取消「案」字，成為盈餘分配表，由公司據於執行。盈餘分配的來源為當期純益和前期留存未指撥用途的保留盈餘（又稱未分配盈餘或累積盈餘）的合計。盈餘分配係將所賺的錢分配給關係人（出資者、企業本身等）。其中股利和董監事酬勞等必須付現故稱為「流出外部」部份，在實際支付前以應付款在B/S的負債欄表示。

為避免所有盈餘流出外部，法令上規定必須提存一定比例的盈餘作為「法定公積」。其他由公司判斷得以「特別公積」方式提存部份盈餘。這些項目都表示資金留存在企業內部來充裕自有資本，故統稱為「保留盈餘」。

公司股東或股票投資人通常注意「分配股利比率」（公式如右頁）。本比率表示本期純益中多少比率分配給股東。例如資本額為一億元的企業擬做10%的股利分配時，需要一千萬元的資金，而該企業的當期純益恰巧為一千萬元時，分配股利比率為100%，如此則無法提列公積，算是一種不正常的現象。通常此比率應在50%以下較佳，因為此比率低表示留存企業的資金多，可保持企業的成長力。

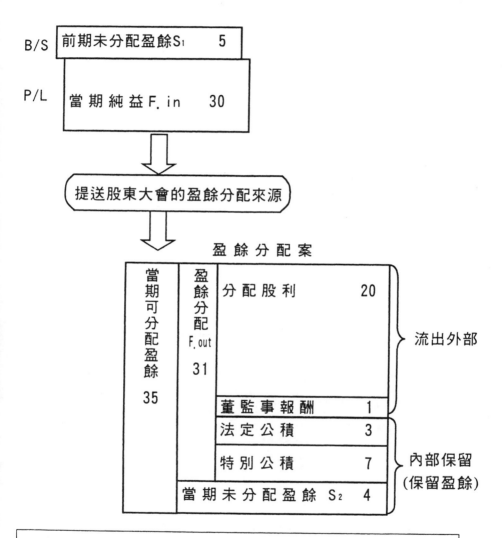

盈餘分配案

公式3.5　　分配股利比率＝ $\dfrac{\text{分配股利}}{\text{當期純益}} \times 100$

3.4 自己試試看(2)

<問題> 下面是乙丑公司四年間的B/S和P/L的摘錄。

乙 丑 公 司

單位：百萬元

項目＼年度	87	88	89	90
總資（產）本	4,730	5,060	6,270	6,750
銷貨收入	5,660	5,780	5,940	6,000
經常利益	300	305	310	315

請計算右頁表所列各項比率，並填入結果，據此檢討下列各點：

• 總資本經常利益比率的趨勢如何

• 銷貨收入經常利益比率的趨勢如何

• 影響總資本週轉率變化的因素是什麼？

對上述三項比率做<初步研判>，然後回憶§3.1.1節所介紹的下列企業的綜合指標，探討如何做<深入了解>。

總資產（本）報酬率＝總資產週轉率×銷貨獲利率

解答請看右頁。

< 解 答 >

乙 丑 公 司

比　　率 ＼ 年　度		87	88	89	90
總資本經常利益比率	$\dfrac{經常利益}{總資本}\times100$	6.3%	6.0%	4.9%	4.7%
銷貨收入經常利益比率	$\dfrac{經常利益}{銷貨收入}\times100$	5.3	5.3	5.2	5.3
總　資　本週　轉　率	$\dfrac{銷貨收入}{總資本}$	1.20次	1.14次	0.95次	0.89次

< 初步研判 >

● 總資本經常利益比率逐年下降，這種趨勢非常不好。

● 銷貨收入經常利益比率四年來沒有很大的起伏，但是總資本週轉率逐年下降而有惡化的趨勢。

● 所以總資本經常利益下降的原因可以說因為總資本週轉率下降所致。

< 深入了解 >

由3.1.1節綜合指標的層次表得知，任何層次比率的問題應檢討其次一層次的影響。本例既係總資本（產）週轉率有問題，故宜依序探討次一層次的流動資產週轉率及固定資產週轉率。以此類推，必要時應追蹤到應收帳款、存貨等項目的週轉率，以期查明真正的問題所在。

第四章

看 B/S 研訂最適架構的策略

如何增強企業實力

摘要
＜如何增強企業實力＞

△ 在第 3 章提到企業是否賺錢可從收益性和效率性二方面去探討它。所謂效率性也是企業活動力的分析。因此在本章透過研讀資產負債表（B/S）探討資本運用的效率問題。

△ B/S 是以雙軌方式掌握企業活動事項，並表達資金的來源和資金運用的結果。B/S 的表達方式係以一定的規則在左右兩邊列示相關項目，故首先以一般人士容易了解的方式說明 B/S 左右兩邊的關係。

△ 如前述閱讀 B/S 的重點在了解企業的安定性，但是企業應在安定中求活動才能獲利，不過在求活動中稍微疏忽則會陷入資本的滯留，因而引起 B/S 架構的惡化。因此本章先探討 B/S 的架構為何會惡化，惡化的後果如何等。

△ 其次介紹 P/L 和 B/S 的循環關係及各資產週轉分析的重要性。有了這種瞭解後，參考各種資產的週轉期間分析的結果，研訂提高企業活動力的最適當的資產負債架構。

4.1 B/S 左右兩邊的關係

　　我們在第 3 章 § 3.1.1 節企業的綜合指標提到，提高企業的獲利率需從二方面著手，一爲增加各資產的週轉（可看到的一方），另一爲追求利潤的最大化，也就是增加自有資本（看不到的一方）。對〝可看到的一方〞因爲有具體的東西，故一般較易於體會其重要性，但是對於〝看不到的一方〞就容易忽略。例如通常老闆（經營者）或生產、銷售部門很難理解存貨庫存會發生資金成本（利息），換言之，對於存貨或應收帳款要負擔利息成本難以體會。這就是對〝看不到的一方〞忽略所引起的。

　　因此一般人士應培養，從 B/S 的架構去了解，資金運用會影響資金來源的結構的觀念。這是資金運用性的觀察法。

　　這種觀察法如進一步了解 B/S 和 P/L 在表裏一體地週轉，加上將 B/S 和 P/L 予以連貫觀察的〝週轉期間 B/S〞的構想後，可以形成追求企業最適 B/S 架構的二種策略。這二種策略就是，①對可看到一方採取〝提高週轉的策略〞，②對看不到一方採取〝增加自有資本的策略〞。

4.1.1 存貨的右邊是什麼？

存貨的〝看不到的一方（資金的來源）〞是什麼？具體的說是借款。亦即存貨越增加借款也越多，加之隨時間的經過會成比例不斷地發生利息支出。因此存貨是資金的閒置處，而其資金來源幾乎屬於借款。

存貨的右為什麼是借款呢，讓我們從右頁的圖來了解它。

B/S 有二種資金，一為企業的基礎性固定資金，此種資金長期留存企業，是屬滯留性質。另一為每日營運活動所需的流動資金，會計上稱為營運資金。

從右頁圖例看，投入原料（存貨）的資金在三個月後以製品銷售，銷售後經過四個月才透過支票的兌現收回現金，如此資金係隨著營業活動循環，而不斷地週轉，所以稱之為營運資金。

企業必須籌措上述固定和營運二種資金，那麼這些資產由何種來源的資金支應呢。我們應看 B/S 的相鄰一邊（右邊），這些來源是依流動性做對照方式的列示。

從右頁圖看，屬於固定資金的自有資金僅為 20%，故以自己的資金支應者僅為固定資產的一部份，其餘的資產（包括營運資金的全部）均以籌措他人資金來支應。

所以，存貨假如增加一個月份的需量時，必須再籌措營運資金，因而直接影響借款的增加。相反地，如可以縮短存貨的留存期間，應可節省相對的利息。同理，應收帳款的收回期間也發生同樣的影響。

資金運用　　　　資金來源

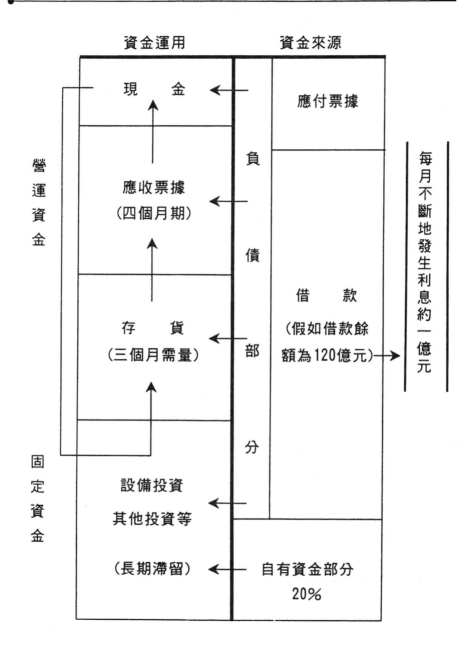

營運資金

現　　金　←　應付票據

應收票據
（四個月期）

存　　貨
（三個月需量）

負

債

部

分

借　　款
（假如借款餘
額為120億元）→

固定資金

設備投資
其他投資等

（長期滯留）　←　自有資金部分
20%

每月不斷地發生利息約一億元

4.1.2 為何 B/S 會惡化？

前面以存貨乙項來說明 B/S 左右兩邊項目的互動，我們為了瞭解企業資金來源和運用的互動關係，必須對整個 B/S 做探討。此時可以採用前後期 B/S 的各科目的差異做比較分析，然後從檢討資金的動向（資金的運用和來源）來掌握 B/S 的變化。此法稱為「比較 B/S 法」或「資金運用探討法」。

B/S 惡化的原因可想到二種。第一當然是利潤無法提高，另一為 B/S 左邊〝可看到的一方〞的運用方式的不當。下面擬舉例說明之。

假如 B/S 右邊的資金來源一方，自有資金部份從 P/L 產生的利潤增加 20，（此部份為 B/S 的原動力）。此外以信用交易獲得他人資金應付帳款增加 40。換言之，資金的來源計增加 60。

此時，左邊的資金的運用如何變化呢。從右頁案例看，在銷售方面因採取以收現期間較長的支票促銷，未收回的應收債權不斷累積，因而增加 30。另一方面製造部門在銷售低迷下仍積極生產，使存貨急增 40。又，固定資產在需求不透明下，大幅擴充設備投資因而增達 60。換言之，資金的運用計增加 130。

在此種情形下，當然發生資金不足 70。總之，這種結果可以說，由於資金運用不當引起的資金大量短缺。

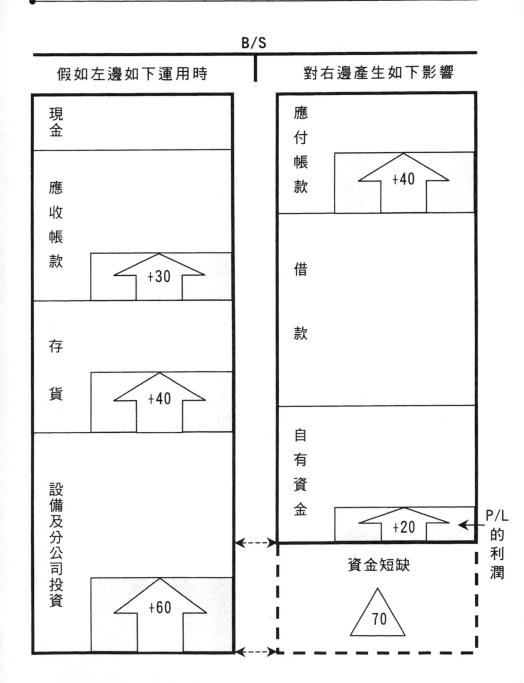

4.1.3 B/S 惡化的後果

對上例的資金短缺的因應只有再籌措借款。其結果,自有資本比率、流動比率、固定比率會顯著地惡化。

這些比率的變化也可以用資金運用探討法來追究原因。此種探討法是邁向訂定 B/S 策略的依據。

又,如此大幅運用的資金,卻滯留於未收回的支票,存貨,使用率偏低的設備,而對 P/L 的重要項目銷售收入的提高又無貢獻。一方面所增加的大量借款,在 P/L 的營業外費用欄增加利息支出,結果經常利潤當然會大幅減少。這種情形又會反映於 B/S 的右邊的〝資金的來源〞。換言之,對利潤減少部份和利息增加部份不得不以增加借款應付。(B/S 和 P/L 以此種方式在惡性循環。)

假如這些運用項目發生債權無法收回的呆帳,存貨滯銷成為廢品,對外投資的失敗等經營危機時,資金調度會更困難。

從上述情形得知。〝可看到一方〞的運用和〝不可看到一方〞的財務體質是互相連結的。是故 B/S 惡化第二種原因為,B/S 的〝可看到一方〞的運用不當。因此經營者必須培養如何有效運用資金的觀念。

資金運用不當引起的結果

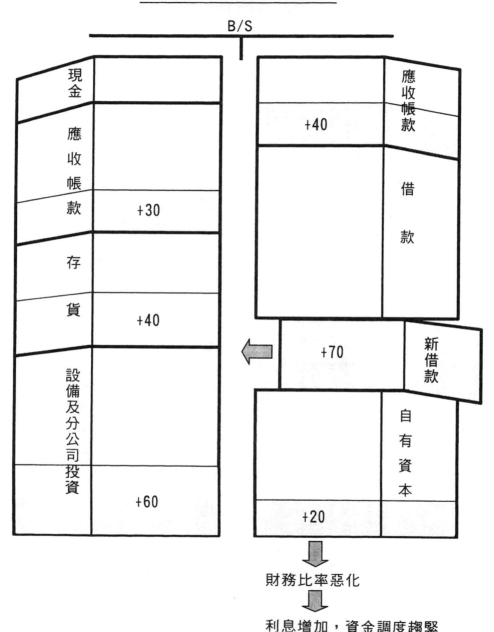

財務比率惡化

利息增加，資金調度趨緊

4.2 P/L 和 B/S 的循環關係

4.2.1 P/L 和 B/S 在循環

從上述案例的分析得知，B/S（財務體質）的良窳，對 P/L（收益力）有很大的影響。B/S 和 P/L 係互相以因果關係在循環。

前面已介紹 P/L 表達流量（Flow），B/S 表達存量（Stock）。但是對此再深入地探討時得知，P/L 並非單純的表達流量，而是累計營業活動一年期間的努力，亦即累計使用多少費用來達成多少收入。B/S 也非單純的表達存量，而是對上述努力所累積的企業〝體格〞，在期末某一時點所拍照的當時的 X 光片。所以企業循環係以努力的成果增強體格，而用此體格再努力爭取利潤。再看其內容，P/L 的利潤是充實 B/S 的原動力（產生自有資金），以此為本錢運用資金（為增強體格做投資）做下一次的營業活動。至此如運用超過某一程度則發生資金不足，借款增加，P/L 的利息支出會膨脹。此時，假如投資的體格充分運轉發揮其潛力時，銷售量、利潤均會增加有助於 B/S 的改善。相反地，投資未充分發揮時，銷售量無法提升利息仍在增加，利潤相對地減少，勢必引起 B/S 的惡化。

總之，體格（B/S）並非越大越好，應視其對 P/L 的銷售量對獲利有無貢獻來判斷。企業經營的金科玉律就是「存貨少、銷售快、收現急」。因此，企業經營者應透過會計架構的認識，培養企業活動在循環的觀點。

B/S和P/L在循環

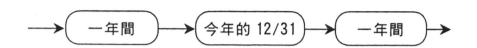

一年間　→　今年的 12/31　→　一年間　→

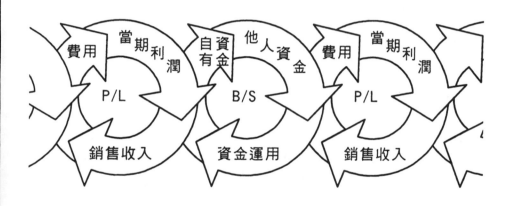

費用　當期利潤　自有資金　他人資金　費用　當期利潤

P/L　B/S　P/L

銷售收入　資金運用　銷售收入

營業活動 FLOW　→　經營基礎 STOCK　→　營業活動 FLOW　→

4.2.2 資產週轉分析的重要性

請再回憶§ 3.1.1 節所述企業的綜合指標中提到，要提高總資本報酬率的二種方法中之一爲〝增加週轉〞。本章到目前爲止的說明以一句話做結語時，則在說明任何資產項目的週轉性不佳都會影響總資本報酬率的降低。

當不景氣時未收回的支票或存貨會增加，加上無法兌現的債權或退貨庫存等之累積，膨脹了流動資產使得表面上的流動比率很好看。但是這些呆滯不週轉的流動資產並不代表償債能力。流動資產有良好的週轉而在不斷地產生新資金，才是良質流動比率的條件。因此，我們應注意週轉的問題。

茲再舉具體案例說明如次。茲有互爲競爭對手的 A，B 兩公司的 B/S 如右頁。銷貨收入均 180 億元，如以第 2 章所介紹的著眼點來看，究竟那一家的財務體質較佳呢。第一著眼點「自有資本比率」是 A 公司 18%，B 公司 24%，B 公司較佳。第二著眼點「償債能力」，流動比率 A 公司 139%，B 公司 119%，速動比率 A 公司 85%，B 公司 83%都是 A 公司較佳。據此能否判斷哪一公司財務體質較佳呢。（假定業種和其他條件均相若）。

僅憑一張 B/S 通常無法正確掌握財務體質，如與 P/L 相關連來判讀則可獲得較明確的答案。亦即 B/S 的體格中各部位的肌肉，爲 P/L 的銷貨收入提供多少貢獻，或被滯留成爲贅肉。這種分析稱爲〝週轉分析〞。

以銷貨收入來衡量週轉情形是很簡便的方法，因爲存貨等資產均以銷貨行爲爲動力在週轉。如能掌握其概略的趨勢對財務情況的了解有很大的幫助。

關於 A、B 兩公司的週轉分析擬在下節討論。

A　公　司

（銷貨收入 180 億元／年）　　　單位：億元

流動資產		135	流動負債		97
	現　　金	15		應付帳款	37
	應收帳款	67		短期借款	60
	存　　貨	53	固定負債		75
固定資產		75	資　　本		38
總資產		210	總資本		210

B　公　司

（銷貨收入 180 億元／年）　　　單位：億元

流動資產		98	流動負債		82
	現　　金	23		應付帳款	37
	應收帳款	45		短期借款	45
	存　　貨	30	固定負債		38
固定資產		60	資　　本		38
總資產		158	總資本		158

4.2.3 B/S 的週轉期間檢討

　　資產週轉速度的分析，一般採用〝週轉率（＝銷貨收入÷各項資產）〞方式，也就是以投下的資本年間週轉幾次來表示，次數越低使用效率越差。但是也可以用其「逆數」，亦即（各項資產÷月平均銷貨收入）方式計算〝週轉期間（週轉月數）〞，此法對流動資產和負債更容易體會週轉的意義。

　　茲以前節 A、B 兩公司的資料用週轉期間法計算的結果列示如右頁。A 公司比 B 公司多存留存貨 1.5 個月份，應收帳款的收回期間也多出 1.5 個月，A 公司的現金以外的流動資產變現需要 8 個月。由於此類資產的呆滯，需要較多的營運資金，所以 A 公司的流動比率較高係因為週轉遲緩（變現較慢）引起的虛胖，故以償債能力而言，B 公司較佳。

　　從整體看，A 公司由於週轉較差而擁有較多的虛胖資產。在同樣的 180 億元銷貨收入的地盤上，B 公司承擔重量158 億元的資產（10.5 個月份銷貨收入），A 公司則承擔達210 億元的資產(14 個月份)。A 公司顯然多負擔很多不活動的重量，在財務體質上顯示借款較多，利息負擔較重。

　　不管是製造業或買賣業縮短週轉期間的策略，等於〝提昇資金運用效率來達成提高自有資本比率的策略〞。

以週轉期間 B/S 觀察

A 公司－肥胖型

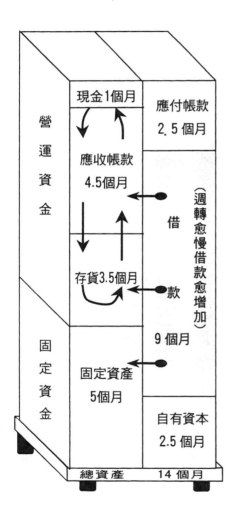

B 公司－肌肉型

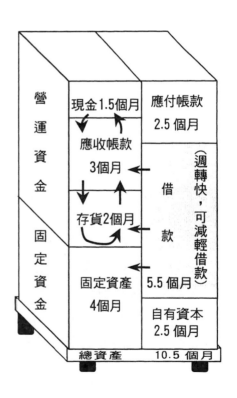

4.3 研訂策略

4.3.1 景氣低迷時的經營策略

在景氣低迷時，同一業種由於所採取的戰略不同，有的能生存，有的走向倒閉之路，其成功的原因固多，但是採取減量經營之企業存活率較高是不爭之事實。抑低設備投資或存貨來減少資金需求，將勻出的資金轉作償還借款減少利息負擔，是景氣低迷時應採取的策略。

茲以右頁案例說明應採取此種策略的理由，今設定總資本利潤率和利率條件如右頁，（通常不管景氣如何利率是在一定水準，但是利潤率在低成長期會低於利率）。讓我們比較在 B/S 表示自有資本型的 A 公司和舉債經營型的 B 公司（目前一般企業的型態），在高成長期和低成長期的收益力（P/L）會受到什麼影響呢？

首先，在高成長期借款對獲利產生〝槓桿〞作用，採取積極的舉債經營的 B 公司，較自有資本同額的 A 公司有近 4 倍的營業利益，顯然站在有利情形。（如此在高成長期形成舉借投資的風潮，因而自有資本比率也開始惡化。）但是在自有資本比率惡化的財務體質下進入低成長期時，這種佔總資本比重很大的借款，會產生〝槓桿〞的反作用。亦即，進入低成長期時營業利益會遽減，但是利息支出仍為 4.5 億元，故舉債經營型的 B 公司反轉為虧損、對利息負擔較少的自有資本型的 A 公司影響不大。（當然，並不是鼓勵消極地無舉債經營。）

這種作用會計上稱為〝財務槓桿的利用〞，也是景氣低迷時應採取瘦身經營策略的理由。

財 務 槓 桿 的 效 果

單位：億元

假定	項　目 ＼ 景　氣	高成長期		低成長期	
	①總資本利潤率	10%		4%	
	②利　　　　率	6%		6%	
		A 公司	B 公司	A 公司	B 公司
B/S	③借　　款	0	75	0	75
	④自有資本	25	25	25	25
	⑤總 資 本	25	100	25	100
	⑥自有資本比率（＝④／⑤）	100%	25%	100%	25%
P/L	⑦營業利益　　（＝⑤×①）	2.5	10.0	1.0	4.0
	⑧－利息支出　（＝③×②）	0	4.5	0	4.5
	⑨經常利益　　（＝⑦－⑧）	2.5 ＜	5.5	1.0 ＞	-0.5

4.3.2 研訂 B/S 的最適架構

從以上對 B/S 的觀察，獲得二種 B/S 策略。第一為，右邊的〝增加自有資本〞。為之必須採取第 5 章的各種策略來提高利潤，因為利潤就是改善 B/S 的主要原動力。

B/S 的第二策略為，左邊的資金運用的戰略，也就是〝提高資產的週轉〞。隨時注意〝看得到的東西（資產）〞的活用，提高週轉性的投資。具體而言，儘量縮短應收票據的收回期間或存貨的留存月數，因此提高企業活動力的週轉期間應作為策略指標。

如此，設法增加自有資本，培養肌肉型的資產，使自有資本增加而來的資金，使得應付增加資產所需的資金後，仍可產生自有資金餘力。以此自有資金餘力轉作償還借款來改善 B/S 的自有資本比率，進而可減少 P/L 的利息支出，增加經常利益或降低損益平衡點。

但是，此種 B/S 策略並非消極地緊縮或不舉債經營。B/S 為以後各期收益力的基礎，故應以衡著本公司的競爭力和來自其他公司的競爭壓力，積極地籌謀未來的最適當的投資。

對未來投資做最適當的決策時企業經營者應培養〝可看到一方〞的運用和〝看不到一方〞的財務體質的互相連結觀念，並以尖銳的眼光去做決策。

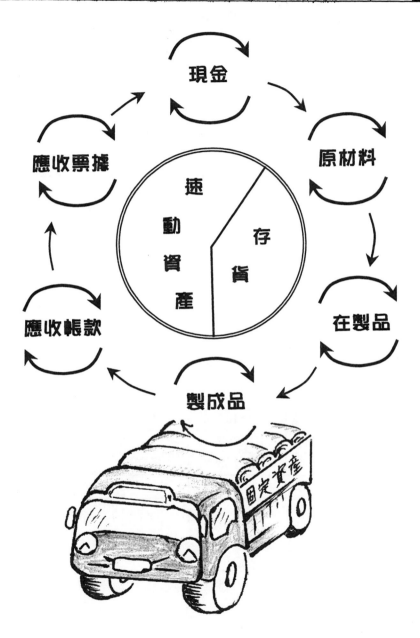

4.4 自己試試看(3)

<問題> 下面的數字是甲子公司三年間的 B/S 和銷貨收
入，讓我們分析該公司的活動力。

（註：甲子公司的安定力在第 2 章已分析）。

甲 子 公 司　　　　　　　單位：百萬元

項 目	年 度	88	89	90
流動資產	現　　　　金	420	330	345
	應　收　帳　款	930	1,020	1,140
	存　　　　貨	600	585	600
	其　　　　他	15	45	30
	計	1,965	1,980	2,115
固定資產	有 形 固 定 資 產	1,455	1,740	1,965
	其 他 固 定 資 產	315	345	360
	計	1,770	2,085	2,325
資　　産　　合　　計		3,735	4,065	4,440
負　　　　　　　債		2,445	2,745	3,090
業　　主　　權　　益		1,290	1,320	1,350
負 債 業 主 權 益 合 計		3,735	4,065	4,440
銷　　貨　　收　　入		2,170	2,248	2,356

請計算右頁表所列各項週轉率，據此檢討下列各點。

- 總資本週轉率的趨勢如何
- 流動資產週轉率的變化如何
- 其中應收帳款、存貨的週轉率如何影響流動資產週轉率
- (有形)固定資產週轉率的變化如何
- 使總資本週轉率變化的主要因素在哪裡

＜解答＞

	甲 子 公 司		單位：次
年度 比率*	88	89	90
總 資 本 週 轉 率	0.58	0.55	0.53
流 動 資 產 週 轉 率	1.10	1.14	1.11
應 收 帳 款 週 轉 率	2.33	2.20	2.07
存 貨 週 轉 率	3.62	3.84	3.93
固 定 資 產 週 轉 率	1.49	1.29	1.20

• 總資本週轉率在下降，趨勢不佳

• 流動資產週轉率尚在同一水準，起伏不大

• 應收帳款週轉率在惡化，收回狀況不好，必須注意。存貨週轉率在上升是良好的現象。由於這兩週轉率的良窳互補，使流動資產週轉率保持平穩。

•（有形）固定資產週轉率每年大幅下降，問題在於擴充設備後銷貨收入未相對地增加。

• 所以總資本週轉率下降係受固定資產週轉率惡化的影響。

註： 甲子公司對固定設備投資，除上述擴充後未帶來銷貨收入的相對增加的問題外，尚有如第 2 章自己試試看(1)的分析所述，在資金來源方面有不適當的運用問題。總之，該公司在安定力和活動力方面存在著雙重的問題。

＊比率計算公式見§ 3.1.1 節企業的綜合指標的層次圖。

第五章

看 P/L 研訂經營策略

如何改善企業的經營策略

摘要

＜如何改善企業的經營策略＞

△ 改善資產負債結構的最基本方法是用自己賺來的錢充裕
自有資金。所以企業應透過營業活動來提高獲利增加資
金才是正途。

△ 影響總資產獲利率的項目與 P/L 和 B/S 中的所有項目有關
連，也就是與企業的採購、製造、銷售及財務等活動的
所有部門有密切的關係。

△ 本章將重點放在研判 P/L 的各種資訊（數據）研訂策略。
所以先對 P/L 的收入和費用的特性做徹底的探討，再以最
平易的方式介紹利用收支特性的相關經營分析技巧。

△ 這些技巧包括：損益平衡點，附加價值及直接成本計算
等。這些技巧是老闆們常聽到但是不易接受的方法，但
是這些技巧對研訂經營策略時可找出很寶貴的關鍵點；
例如某種產品應否停產？目前的銷售量的安全度（陷入
虧損的可能性）如何？如何改善？等等。

△ 本章以較多篇幅舉實例供讀者了解如何應用這些技巧來
研訂經營策略。

5.1 深入瞭解收入和費用的特性

5.1.1 如何看費用

一般人所說〝是否划算〞就是指有利潤,那麼為何有利潤呢,依常識有利潤當然指〝收入大於費用〞,這就是損益計算時所用的公式「收入－費用＝利潤」。

假如以此種方式去探討是否划算,很難獲得經營策略。雖然這種看法仍可採取「量入為出」的對策,但是從策略觀點看是不充分的,我們必須對「費用」和「收入」做進一步的探討,才能找出研討策略的途徑。

首先擬對費用做深入了解,(對收入的深入了解容後另述)。總費用的發生方式,對收入而言有二種如水和油般,截然不同的活動性質。換言之,總費用係由二種不同特性的費用構成,策略的研訂應著眼於這不同性質的費用。

這二種費用,一為與銷售量 Q 成比例變動的費用,稱為變動費。在製造業,代表性的變動費為材料費,這種費用是當出售製成品時必然會發生的。假如以低於購入材料費的價格出售時則發生虧損。

另一為,與銷售量不發生比例關係的費用,亦即不管有無銷售仍會發生的費用,稱為固定費。假如銷售量 Q 為零時,固定費就成為公司的虧損金額,所以划算不划算的關鍵就是要掌握這個赤字。當銷售量 Q 為零時從右頁圖知道,變動費當然為零,但是固定費就如數存在而成為赤字。

費 用 之 性 質

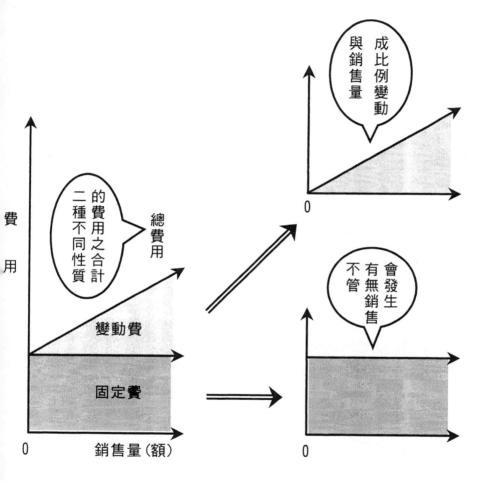

5.1.2 費用的分解

　　如前述固定費就是無法沖銷（收回）時成爲赤字的費用。換言之，划算不划算就是指對固定費的沖回作戰。會計上損益平衡點分析就是針對一般企業的固定費的增加趨勢，採取固定費沖回策略而誕生的計算方式。

　　因此爲了勝算策略首先須決定應沖回的固定費的多寡。總費用劃分爲固定費和變動費的工作稱爲〝費用的分解〞，此項工作原則上以管理上的方便爲目的，不必要求嚴密，故通常採用變動費以外者爲固定費方式處理。所以固定費可以從總費用減去，與銷售量 Q 成比例的變動費計得。

　　如右頁案例，總費用爲 39,000 元如其中變動費爲 18,000 元(與銷售量 10 個成比例)時，差額 21,000 元可視爲固定費。

　　如此，假如知道總費用中的變動費時，固定費不難確定。會計上流行的直接成本計算就是將重點放在變動費的成本計算方法。

　　變動費和固定費的內含的概略劃分例請參照右頁圖。如前述，爲方便可採用粗估方式，則以材（原）料作爲變動費，其餘統視爲固定費。惟也有人將爲了完成產品直接投入的共同費用包括在變動費之中。

　　從右頁圖得知銷貨成本所指的範圍有二種。通常在 P/L 表出現者爲，稅法上規定以全部成本法（F/C）計算的，另一種爲經營分析上直接成本法（D/C）所用的，其範圍僅指變動費。

固定費的求法（案例）

$$39,000 - 18,000(=1,800×10\ 個) = 21,000$$

總費用－　　　變　動　費　　　＝固定費

↑

與銷售量成比例

變動的費用

費用的分解和歸類

總費用	變動費 vPQ	材　料　費 為完成產品直接 投入的共同費用	銷貨成本 (F/C)	銷貨成本 (D/C)	← 直接成本法 採用的範圍
	固定費 F	人　　工　　費用 製　造　費用 折　　　　舊			← 稅法規定的範圍
		推　銷　費　用 管　理　費　用 研　發　費　用			
		營業外支出(利息)			

5.1.3 如何看收入

在此我們對收入做深入的探討。假定出售一個製成品其售價為 2,900 元時，其中含有變動費（出售時會必然發生的費用）1,400 元及減去變動費後的剩餘部份 1,500 元，（註：右頁圖為了易放瞭解變動費稱為材料費，以後一律以變動費表示）。

每銷售一單位對沖回固定費有貢獻者屬何部份呢？當然並非銷售單價全部，應該是減去必然會發生的變動單價（材料單價）後之差額，此部份才是沖回固定費的動力。

此差額部份會計上稱為「附加價值單價」或「邊際利潤」，也有人稱為「變動利潤」。邊際一詞是一般人不易體會的名詞，是借用微積分學的邊際概念。「邊際」係表示「每增加一單位……」的意義，故「邊際利潤」係表示每增加一銷售單位時增加多少的利潤。本書以下統稱為「附加價值（單價）」。

從右頁圖讀者已看出，每售一個的售價由變動費和附加價值二種構成，其中附加價值部份對沖回固定費發生貢獻。如固定費總額視為一個大水桶總共可裝 18,000 時，則以附加價值單價(=1,500)陸續填入水桶中，當附加價值單價填入 12 個後始有溢出者，這部份才是利潤。

銷貨收入以這種方式去理解，對企業的經營分析和研訂經營策略有很大的幫助。

分解每售一個的收入

2,900
售價
P

(v)

1,400
材料費
vP

(m)

1,500
附加價值
mP

對沖回固定費有貢獻
的動力（邊際利潤）

填滿固定費後溢出
者才是利潤

總　共
18,000

利　潤

固定費 F

5.1.4 銷貨收入和附加價值

　　上面我們以「每銷售一單位」來分析售價中的變動單價和附加價值「單價」的關係，並了解附加價值單價對固定費（總數）的貢獻關係。附加價值單價貢獻的對象既爲銷貨收入相關的固定費「總數」，讓我們從損益表架構來理解附加價值（邊際利潤）的意義。

　　如右頁圖，當企業有利潤的狀況時，銷貨收入的內含係由費用（變動費和固定費）和利潤構成。此時變動費比率（v）和附加價值率（m）之間有「m＝1-v」的關係，所以變動費比率爲 30%時，附加價值率爲 70%。

　　其次在損益平衡的狀況（利潤爲零的狀況）時，附加價值將悉數被固定費吃光。這種狀況係「附加價值＝固定費」，所以成立「m×P×Q＝F」的公式。此時 P×Q 表示損益平衡點的銷貨收入，亦即將附加價值率爲 m%的商品以價格 P 銷售 Q 個時就是損益平衡點。

　　公式 mPQ＝F 係以單一商品的單價和數量所表達的損益平衡點。但是通常企業係出售附加價值率不同的複數商品，所以此公式雖屬於單純化的模型，但是仍有助於理解價格、銷售量、附加價值率、固定費之間的關係，也是直接表現損益架構的公式。

銷貨收入和附加價值

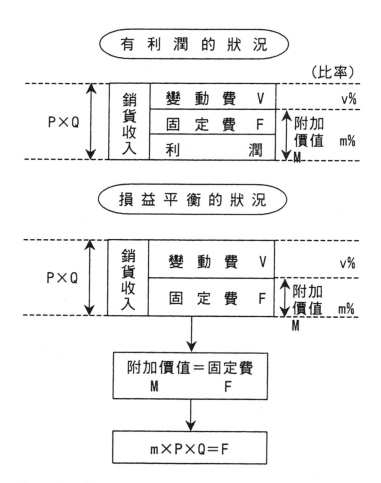

註：各種符號的意義

P＝售　　價　　　　　v＝變動費比率

Q＝銷售量　　　　　m＝附加價值率

M＝附加價值

5.1.5 附加價值的圖解

為研訂勝算策略，必須掌握〝沖回固定費用的動力〞附加價值。因此讓我們以圖解方式做進一步的說明。

附加價值的算法如右頁圖，係將前面（§5.1.3 節）所求的每銷售一個的附加價值單價乘上銷售個數 Q，來求得銷售 Q 個時的附加價值總額。

換言之，沖回固定費的動力總數係從銷貨收入減去與銷售量成比例發生的變動費的差額部份（mPQ）。

右頁圖中各項因素，為應付千變萬化的情形，用英文字母代表以期簡化。茲說明如下。

① 「每一個的圖解」部份：

P 表示銷售單價（平均單價）

v 表示佔售價 P 的變動單價之比率

m 表示佔售價 P 的附加價值單價之比率

故：

vP 為變動單價

mP 為附加價值單價

② 「總金額的圖解」部份：

對上面的「每一個的圖解」乘上銷售量 Q 來求得，其中

銷貨收入＝（P×Q）

變動費＝vPQ(vP×Q)

附加價值＝mPQ（mP×Q）

當需要計算附加價值時，請想起右頁圖解，例如從 PQ 減去 vPQ 則可求得能沖回固定費的動力 mPQ。

附 加 價 值 的 圖 解

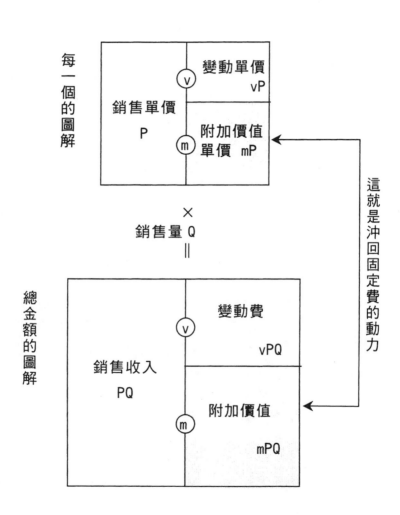

5.1.6 附加價值和變動費

前面以圖解方式了解附加價值的算法,但是實務上我們必須從會計資料中算出相關因素(變動費、附加價值)的具體數據。附加價值的算法有「扣除法」和「加算法」二種。前述銷貨收入-變動費(外部購入價值)=附加價值是扣除法。與此相對的加算法係以,認為創出附加價值的項目予以全部加計來算出。此法在日本的官方和銀行作為統計資料時使用,但是各機關或銀行所採取的項目並不一致。

通常加算法選定 6～7 項目作為附加價值項目,除此以外均視為外部購入價值。一方面扣除法則從銷貨收入扣除外部購入價值,也是選定 4～5 項目,除此以外均視為附加價值。此兩種方法由於選擇方法的不同,會出現雙方均未選用的灰色項目,成為使用上的不便,(如右頁圖上段)。

附加價值如作為經營分析上測知生產力之大小時,上述矛盾現象的影響僅止於生產力之大小,但是我們回憶損益平衡點分析時,「附加價值」是沖回「固定費」的動力,而兩者分別從銷貨收入和總費用中分解出來,其方法為:

附加價值=銷貨收入-變動費(扣除法)

固定費=總費用-變動費

此時兩者選取變動費的基礎應一致,才能使附加價值和固定費在同一基礎上產生,在此種前提下所做的損益平衡點分析才能獲得合理的結果,(如右頁圖下段)。

因此,為求兩者的變動費選取基礎的一致,實務上附加價值的計算採取扣除法較方便。上述扣除法實際上等於認為屬於變動費的各項目的加算法,故作為扣除用的各項目在兩者選取一致的標準不會發生問題。

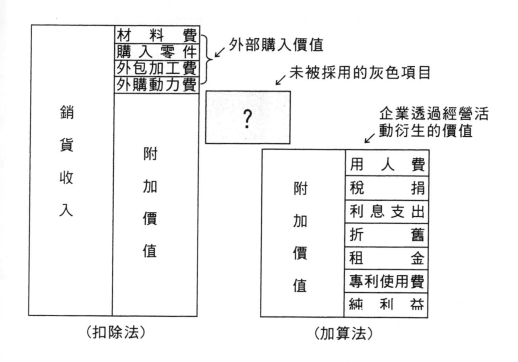

5.1.7 固變費用分解的原則——變動費的選定

如前述為計算損益平衡點首先遭遇的問題就是如何將 P/L 表中所列,到計算經常利益為止的全部費用分解為固定費和變動費。通常全部費用係以各種詳細科目表示,理論上這些費用應可以按是否隨銷貨收入而增減,分為固定或變動二類。

但是在實際情形,完全固定的費用或完全成比例變動的費用很少,大部份的費用係對銷貨收入的增減成為漸增或漸減。例如,人工費每月有固定的支出,但是繁忙時加班情形會增加,並不是完全固定。又,不直接隨銷貨收入變動的費用也會因企業的方針而增減,例如研發費用。

所以,實務上固變分解的方法可採用,變動性較強的費用歸變動費,固定性較強的費用歸固定費,如分類困難者可全部歸固定費。

前節我們建議選定變動費項目予以加計來計算附加價值和固定費,在此擬將重點放在變動費的選定基準。所謂變動性較強,可採取下列基準來判斷;①從他企業購入者,②為生產而消耗者,③移轉到新產品的價值而成為新產品的一部份者。至於疑問較多的項目不作為外部購入價值的變動費。

在此基準下,一般商業(買賣業)可以直接認定,銷貨成本全部屬外部購入成本而歸屬於變動費。

製造業的情形較複雜,銷貨成本不等於外部購價值,故只將在銷貨成本中的材料,購入零件及外包括加工費作為變動費。其他外購動力費(電費、燃料費等)等外部購入價值,因為劃分較難可不作為變動費。

茲以這此種基準下,列出固變分解後的項目如右頁,供讀者參考。

固 變 分 解 案 例

變　　動　　費		固　　　定　　　費	
製造成本項目	材　料　費 包　裝　材　料 購　入　零　件 外　包　加　工　費 電力費的變動部份＊ 燃料費的變動部份＊ 購　料　運　費＊	工　　資 退休金準備 獎　　金 福　利　費 消　耗　品 電力費的固定部份 燃料費的固定部份 研究開發費	旅　　費 通　信　費 交　際　費 保　險　費 修　繕　費 稅　　捐 折　　舊 什　　費
管理及推銷費用項目	商　品　運　費＊ 銷　貨　佣　金＊	董　監　報　酬 薪　　津 退　休　金　準　備 獎　　金 福　利　費 廣　告　費 消　耗　品 水費瓦斯費	旅　　費 通　信　費 交　際　費 保　險　費 稅　捐 折　舊 捐　贈 什　費
營業外支出項目		利　息　支　出 貼　現　貲 （利息收入應從營業外支出減除）	

註：為方便，變動費中有＊號之項目可視為固定費。

5.2 收支特性和經營分析技巧

5.2.1 收支特性的歸納和符號化

依據上面對收入和費用做深入瞭解和分解，可以理出各關鍵因素的關係如下。

收支特性關鍵因素的關係

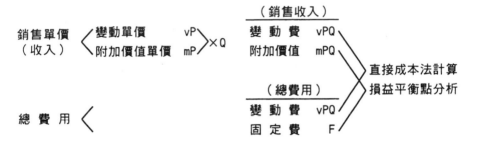

這些關係又可歸納如右頁圖，由這些關係可看出，銷售單價（收入）分為變動單價和附加價值單價，總費用分為變動費和固定費。前者變動單價乘上銷售量 Q，則可求得變動費。所以實質上如前節所述銷貨收入和總費用兩者所含的變動費係同一因素而在兩邊均出現（存在）。故分析上和管理上較單純，所以策略上應注意的因素就落在附加價值和固定費間之互動關係。

目前會計上發展出多種經營分析技巧均與上述互動關係有關，例如：

①由 mPQ 和 F 的互動關係分析產生損益平衡點分析

②以 F/mPQ 作為經營指標

③由變動費（＝直接成本）和附加價值（mPQ）觀念產生直接成本計算法，等等。

我們在分別詳述這些技巧前，擬將以後各節討論各種策略時會應用到的各項因素，整理並予以符號化如右頁的「策略因素分析表」供讀者做綜合分析之用。

收支特性關鍵因素關係圖

銷貨收入 PQ	變動費 vPQ	=	變動費 vPQ	總費用
	附加價值 mPQ	⟷	固定費 F	

} ← 利益 G

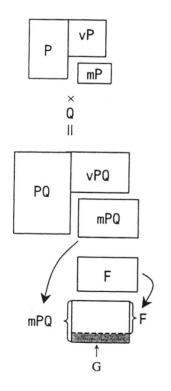

策略因素分析表

①	P	平　均　售　價	
②	vP	（v 率）變　動　單　價	
③	mP	（m 率）附加價值單價	
④	Q	銷　售　數　量	
⑤	PQ	銷　售　金　額	
⑥	vPQ	變　　動　　費	
⑦	mPQ	附　加　價　值	
⑧	F	BEP 比率（F/mPQ）固　　定　　費	
⑨	G	（G/mPQ）當　期　利　潤	

5.2.2 因素別符號化的意義

　　爲什麼銷售收入以 PQ 表示呢。此種符號初看可能有多餘的感覺，但是因爲係以因素別表示，故在探討策略性的行動時有其特殊的意義。

　　銷售收入在一般的會計課本通常以 S(Sales)表示。此時，對於提高銷售收入的目標只能以 S↗表示。與此比較勝算策略則採用 PQ↗(單價×數量)方式表示。如此對於銷售收入 PQ↗的目標即可分解爲 P↗ 或 Q↗(提高 P 或者增加 Q)，然後可進一步想到，P↗Q↗(P 和 Q 同時提高)或 P→Q↗(P保持現況但提高 Q)，或 P↘Q↗↗(P 採彈性價格以提高 Q 應付)…等各種策略性對策。企業應採何種策略則視市場狀況和該企業商品的競爭力來決定。

　　其次，爲何變動單價或附加價值單價以 vP（v×P），mP（m×P）表示呢？茲假定以售價 3,000 元銷售一個商品時，其中原材料費（變動單價）爲 1,950 元，所以差額(附加價值單價)成爲 1,050 元。那麼以售價 P 佔變動單價和附加價值單價的權數（weight）來表示變動單價 0.65P，附加價值單價 0.35 時，對經營的了解有何種影響呢？此法可以揭露銷售收入中有 65%屬向外購買材料而流到材料商，手邊所剩的毛利僅有 35%。至此應想到如何降低變動費率（v率）就成爲策略目標。

為什麼銷貨收入以 PQ 表示

	表　示　方　式	策略上應用方式	比　　　較
傳　統　方　法	S		應　用　疆　化
因素別分解法	PQ 平均 售價×銷售量	P↗×Q↗ P→×Q↗ P↘×Q↗↗	應　用　彈　性　化

為什麼變動單價以 vP 表示

售　價 3,000	變　動 單　價 1,950
	附加價 值單價 1,050

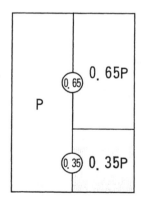

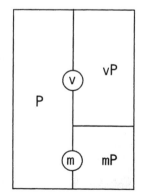

5.3 損益平衡點

5.3.1 損益平衡點是什麼？

我們在銷貨收入和附加價值乙節提到損益平衡點,在此再利用右頁圖來進一步了解什麼是損益平衡點。

假定如圖 A 在 aa'線上蓋上透明紙（此時表示有利潤的狀況）。當銷售量 Q 逐漸減少時（透明紙向上推動）,表示附加價值 mPQ 也會逐漸減少。同時利潤 G 也逐漸縮小。當附加價值 mPQ 減少到與固定費 F 相同時,成為利潤 G=0。這就是損益的分歧點,也是平衡點（如圖 B 的 bb'線剛好在 F 和 G 相交之線）。

因此損益平衡的公式成為 mPQ=F。亦即,損益平衡點的本質為附加價值（mPQ）和固定費（F）相同時,也是利潤＝0 時。企業在年度開始,或期初 Q 仍小時,mPQ 很難完全沖回 F,(如圖 C 的 cc'線)。F 的未被沖轉部份就是虧損。當 mPQ 增加到達滿足 F 的時點,損益就成為平衡（不盈不虧）,此點就是損益平衡點,（如圖 C 的 cc'線移到 bb'線）。

從上面說明可得損益平衡點的公式為：mPQ=F

總之,在研訂策略時,不是單純的觀察收入對費用的關係,而是應進一步將費用分解為變動費和固定費,然後變為附加價值對固定費的關係來檢討。

圖 A　有利潤的狀況

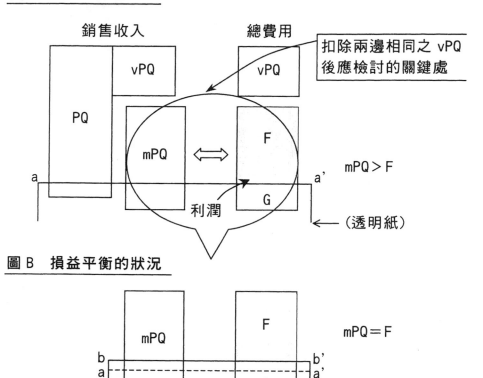

銷售收入　　　　總費用

扣除兩邊相同之 vPQ 後應檢討的關鍵處

vPQ

PQ

vPQ

F

mPQ ⟺

a　　　　　　　　　　　　　　a'　　mPQ＞F

利潤

G

（透明紙）

圖 B　損益平衡的狀況

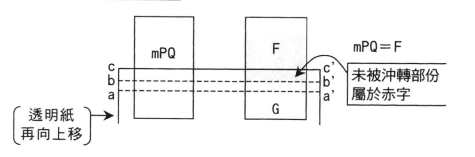

mPQ

F

mPQ＝F

b　　　　　　　　　　　　　　b'
a　　　　　　　　　　　　　　a'　　（透明紙向上移）

G

圖 C　發生虧損的狀況

mPQ

F

mPQ＝F

c　　　　　　　　　　　　　　c'
b　　　　　　　　　　　　　　b'　　未被沖轉部份
a　　　　　　　　　　　　　　a'　　屬於赤字

透明紙
再向上移

G

5.3.2 損益平衡點基本公式的變化

在經營分析上損益平衡點的發現，也就是利潤＝0的銷售量的發現，對經營策略帶來劃時代的武器。如能掌握划算點的銷售量，如何達成該點等問題就成爲經營計劃的重點。

損益平衡點係超過此點時會加速產生利潤的策略性轉捩點，因此掌握此點予以下手就成爲重要的關鍵。

損益平衡點一詞的用法很多，一般作爲「損益平衡點的銷貨收入」。但是從策略探討觀點看，應著重於「損益平衡點數量」及「損益平衡點比率」。損益平衡點比率又可以稱爲「銷售必要倍率」，（詳細說明見§5.3.4節）。

上述三種推算方式均從 mPQ=F 公式演變出來。茲說明如下：

依基本公式 mPQ=F，將想求之「比率，PQ，Q」等項目視爲未知數，照數學原則以

$$\boxed{\begin{array}{c}\text{待 求 者：}\\\text{即 未 知 數}\end{array}} = F/XX \quad \text{來演變}$$

演變結果如右頁三種公式。

從此三種公式得知，損益平衡點的計算只有二個因素，則公式中的分子和分母，也就是①固定費 F 和②附加價值 mPQ，所以只要掌握這二因素就可以自由自在地算出各種狀況。

損益平衡點的圖形一般參考書所用者如右頁左邊的方式，但是如採 mPQ=F 概念的分析法時，則如右頁的右邊方式，此圖形與一般的圖形（左圖）比較，可更直接掌握損益平衡點的本質（mPQ=F）。

公式 5.1　損益平衡點基本公式　　　　mPQ＝F

公式 5.2　損益平衡點銷貨收入　　　$\boxed{PQ} = \dfrac{F}{m}$

公式 5.3　損益平衡點銷貨量　　　　$\boxed{Q} = \dfrac{F}{mP}$

公式 5.4　損益平衡點比率　　　　$\boxed{比率} = \dfrac{F}{mPQ}$

一般的圖形　　　　　　　以 mPQ＝F 觀念的圖形

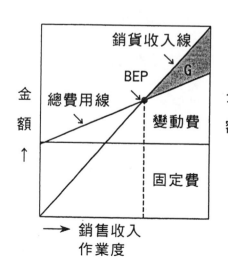

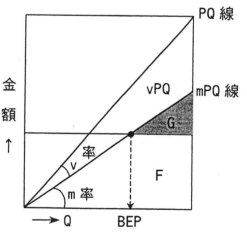

5.3.3 損益平衡點的應用方式

上節介紹的損益平衡點相關公式係以 mPQ=F 為出發予以演變，讀者也許已感覺到這些公式與一般書籍介紹者不同。兩者應該是「殊途同歸」，雖然出發點不同，但是結果應相同。

茲對「一般書籍介紹者」和「以 mPQ=F 為出發者」，以演變過程來証明兩者之「殊途同歸」。了解兩者演變過程對於利用損益平衡點分析研訂經營策略有更大的幫助。

右頁上段係証明「損益平衡點銷貨收入」和「損益平衡點比率」。至於「損益平衡點銷貨量」的公式，因一般書籍介紹者係將銷貨收入（S）視為一個因素，未再分為銷售單價（P）和銷售數量（Q），故未予以演變証明。本書將 S 分為 P 和 Q，如前面§ 5.2.2 節所述，是為策略研訂考量。

除上述公式外，另介紹一般常用的應用方式如下：

公式 5.5 求銷貨收入變化後的利益
公式 5.6 達成目標利益需要的銷貨收入
公式 5.7 銷貨收入增（減）某一比例時，BEP 多少？

詳細公式如右頁下段。

兩種公式演變過程

	一般的表達方式	演　變　過　程	以 mPQ＝F 為出發的表達方式
損益平衡點銷貨收入	$BEP = \dfrac{F}{(1-\frac{v}{s})}$	$\dfrac{F}{1-v}$	$\dfrac{F}{m}=PQ$
損益平衡點比率	$比率 = \dfrac{BEP}{S}$	$\dfrac{\frac{F}{m}}{S}=\dfrac{F}{mS}$	$\dfrac{F}{mPQ}$

註：新出現符號的意義：變動費：V←vPQ

變動費率：$\dfrac{V}{S}$ ←v

常用的應用公式

公式 5.5	銷貨收入變化後 (S') 的利益 (G') $G' = S' - 總費用 = S' - (F+V)$ $= S' - (F + S' \times v) = S'(1-v) - F$ $= S' \times m - F$
公式 5.6	達成目標利益 (G') 需要的目標銷貨收入 (S') $S' = F+V+G' = F+S' \times v + G'$ $S'(1-v) = F+G'$ $S' = \dfrac{F+G'}{1-v} = \dfrac{F+G'}{m}$
公式 5.7	銷貨收入增 (減) 某一比例 (r%) 時，BEP 多少？ (但，假定銷貨數量和變動費不變) $BEP = \dfrac{F}{(1-\frac{v}{s})} = \dfrac{F}{(1-\frac{v}{S(1\pm r)})}$

5.3.4 損益平衡點比率和經營安全率

損益平衡點比率的公式為 F/mPQ,這公式表示〝應沖回的 F〞由 mPQ 沖回多少,超過多少?

從另一角度看,損益平衡點比率也表示損益平衡點的目前位置,所以比率當然是愈低(小)愈好。由此位置可以判斷企業經營目前所處的安全程度。茲利用右頁圖說明損益平衡點比率所表示的意義。

① 當 F/mPQ 在 100%以上者;假定在 120%時(如圖 d 點)表示目前要多賣 20%才能脫離赤字經營,20%是應設法多賣的最低要求,也稱為「銷售必要倍率」。

② 在 100%以下者,如在 100～90%之區域(如圖 c 點)時,表示雖脫離虧損狀況但是仍處於危險區域,稍有鬆懈就會陷入危機。

③ 在 90%～80%時(如圖 b 點),屬於一般狀況,應設法向 80%～70%(如圖 a 點)的優良區域推進。

損益平衡點比率如作為經營效率策略指標時,以時間系列設定目標點予以追蹤,作為行動指引。其追蹤圖表可參照右頁圖。

另一與損益平衡點比率相似的比率稱為「經營安全率」,(公式如右頁)。由於這兩種比率的和為 100%,故求出任一方即可獲得另一方。例如損益平衡點比率為 85%時經營安全率為 15%。所謂〝經營安全率 15%〞係指企業目前的銷貨收入如降 15%時,則面臨損益平衡狀態,如再降就開始發生虧損。故經營安全率是愈高(大)愈理想。因為經營安全率與損益平衡點比率比較更直接表達經營的安全度,故又稱為安全度或安全邊際。

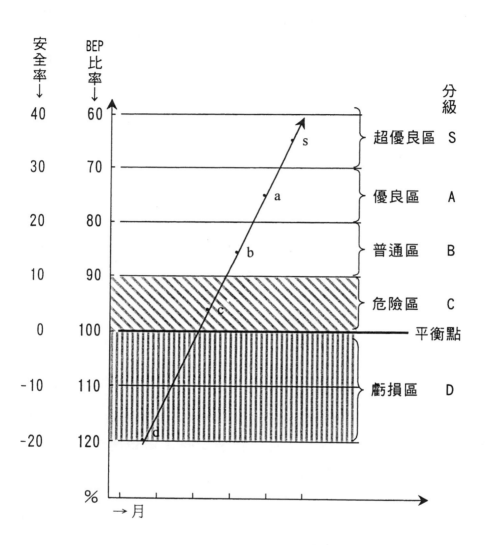

公式 5.8　經營安全率＝$\dfrac{\text{實際銷貨收入}-\text{損益平衡點銷貨收入}}{\text{實際銷貨收入}}\times100$

5.3.5 損益平衡點利用上的瓶頸

看一個企業首先要看損益平衡點,這種講法任何人都認為〝當然的事情〞,但是再問〝你是否實際上用損益平衡點看企業呢?〞答案是幾乎沒有人如此做。

為何一般未採用損益平衡點來觀察一個企業呢?其理由為,假如該公司為製造業時,所公開的財務報表以「全部成本」(稅法規定的成本)編製,從這些報表無法求得計算損益平衡點所需要的「固變分解」資料(將總費用分為固定費和變動費)。

固變分解並非單純的工作,首先在 P/L,B/S 以外需要製造成本等明細表。就在取得所需要的明細表,並可參照 § 5.1.7 節所述的分解原則,但固變分解仍屬難纏的工作。不但難纏,有時因人、因時而有不同的〝固變分解的結果〞,也就是有人認為某項為止作為固定費,哪項為止作為變動費等彈性很大的工作。

除此以外,在損益平衡點分析時,尚須注意以下各點。

① 在全部成本計算下,當存貨增加時,銷貨收入在損益平衡點以下仍會產生利潤。

② 固定費有時會變動,而變動費有時不會變動。

③ 對固定費型企業而言,邊際利潤(附加價值)或損益平衡點不易理解。

總之,在利用損益平衡點做企業經營規劃前,上述瓶頸問題必須克服,下節擬提出克服方案供參考。

損 益 表

百萬元

項　　　　　目	金　　額
銷　貨　收　入	4, 460
銷　貨　成　本	3, 350
銷　貨　毛　利	1, 110
管　銷　費　用	710
明　　薪　　　　給	290
福　利　費	30
運　　　費	90
旅　　　費	60
郵　電　費	40
⋮	⋮
⋮	⋮
細　廣　告　費	60
交　際　費	20
其　　　他	40
營　業　利　益	400
營　業　外　收　入	30
營　業　外　支　出	110
經　常　利　益	320

銷貨成本明細表

百萬元

項　　　　　目	金　　額
期 初 製 品 存 貨	650
材　　料　　費	1, 790
人　　工　　費	900
製　造　費　用	960
明　電　力　費	330
修　繕　費	135
消　耗　品	90
折　　　舊	195
細　其　　　他	210
製 造 成 本 計	4, 300
期 末 製 品 存 貨	950
銷　貨　成　本	3, 350

5.3.6 以粗分方法克服瓶頸──一般商業

利用損益平衡點觀念做經營分析有很多優點,但是如前節所述固變分解等瓶頸有待突破。因此建議採用〝鳥觀式觀察法〞來因應。

一般總以為,做固變分解愈仔細愈好,而把自己陷在「鑽牛角尖」無法獲得結論,最後在方法論上打滾,無法求得損益平衡點,而止於爭論迷失了以損益平衡點管理做經營分析的大目標。

實際上採用「粗分」方式,既對獲得可行性結果不影響,又可解決企業無法應用此技巧的問題。茲介紹固變分解的「粗略而簡單」的方法如次。

<一般商業>假如企業屬商業性質時,固變分解較簡單。採購關係的成本,亦即銷貨成本可視為變動費,銷貨毛利等於附加價值,除此以外都視為固定費。所以固定費的範圍包括利息、營業外收支淨額,故利益採取「經常利益」。

如此,對一般商業只要獲得現行的 P/L,就可立即計算損益平衡點等相關分析(見右頁計算案例)。希望商業性的企業利用此原則計算損益平衡點作為經營分析的依據。

一般商業的計算案例

△基本資料（利用損益表整理如下）

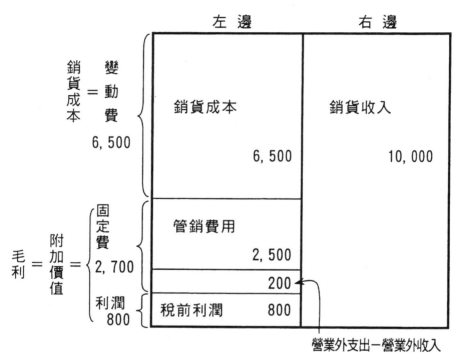

△計算內容

①變動費＝銷貨成本＝6,500

②附加價值率＝毛利率＝0.35（35%）

③損益平衡點銷貨收入＝$\dfrac{2,500+200}{0.35}$＝7,714

④損益平衡點比率＝$\dfrac{7,714}{10,000}$×100＝77%

5.3.7 以粗分方法克服瓶頸──製造業

＜製造業＞

　　製造業的損益平衡點分析較一般商業複雜,雖然如此我們仍可利用損益表和製造成本明細表來想出簡算法。

　　當實際計算損益平衡點時,首先仍需解決變動費若干的問題。用銷貨成本乙項時,工廠的勞務費或製造費用等固定費用會被計入變動費,但是只採取製造成本明細表的材料費也難免太簡化。材料費究係相對於本期製造的東西,並非相對於本期銷貨收入者,(詳見§3.2.3節如何計算製造業的成本)。

　　由於這些考慮,我們可採下列方式計算與本期銷貨收入相對應的變動費。

　　首先以當期製造成本明細表中的材料費和外包加工費為基礎(以下簡稱「基礎金額」),視製成品和在製品的庫存增減情形做調整。如庫存增加表示製成後尚有未出售部份,故應從本期製造成本明細表(製成者)的基礎金額減少。如庫存減少時表示除本期製造者外,也賣出前期製造部份,所以應在基礎金額加上此部份。經過此種調整可獲得概略的變動費,此費用一旦求得其餘就可以迎刃而解。

　　右頁的計算案例,期末、期初製成品各為900和100,期末、期初在製品各為500和800,所以製成品庫存增加800,在製品庫減少300,依上述處理原則應從材料費3,500加外包加工費1,000的合計增減後,計出本期銷貨收入10,000相對應的變動費為4,000,其餘損益平衡點的各項分析則可利用公式計算如右頁。

製造業的計算案例

△基本資料（透過損益表，製造成本明細表整理如下）

		左邊	右邊
變動費 4,000	材料費　（製造的東西）	3,500	銷貨收入（賣出的東西）10,000
	外包加工費（製造的東西）	1,000	
	製成品庫存（期末－期初）（增加時－，減少時＋）	-800	
	在製品庫存（期末－期初）（增加時－，減少時＋）	+300	
附加價值 / 固定費 5,000	勞務費　（人工成本）	1,500	
	製造費用　（間接費用）	700	
	管銷費用	2,500	
	營業外支出－營業外收入	300	
利潤 1,000	稅前利潤	1,000	

△計算內容

①變動費＝3,500＋1,000－800＋300＝4,000

②附加價值＝10,000－4,000＝6,000

③固定費＝5,000

④附加價值率＝$\dfrac{6,000}{10,000}$＝0.6（60%）

⑤損益平衡點銷貨收入＝$\dfrac{5,000}{0.6}$＝8.333

⑥損益平衡點比率＝$\dfrac{8,333}{10,000}$×100＝83.3%

5.4 損益平衡點分析實例

5.4.1 ＜實例 1＞求損益平衡點銷貨收入

下面擬以實例演練如何利用§ 5.3.2 節介紹的各種公式。

＜問題＞A 公司當年的業績為銷貨收入 63 百萬元，總費用為 57 百萬元所以盈餘為 6 百萬元。總經理為了解損益平衡點銷貨收入，要求會計部門計算變動費，獲得資料為 27 百萬元。根據這些資料請代為計算損益平衡點銷貨收入。

A 公司基本資料

	百萬元
銷貨收入	63
總 費 用	57
變 動 費	27

請回憶§ 5.1.5 節的附加價值圖解，然後填列相關數字，作為求解參考。

PQ 63 百萬元	vPQ 27 百萬元
	mPQ （差額）

＜求解要點＞

(1)從損益平衡點公式 mPQ＝F，使 PQ 為未知數，將 m 移到右項，得 $PQ=\dfrac{F}{m}$ 的計算式

(2)因此求損益平衡點銷貨收入 PQ 時，要先知道 F(固定費)和 m 率(附加價值率)

(3)F 可從(固定費＝總費用－變動費)計得：

$$F=57-27=30$$

(4)m 率的算法由左頁圖中資料得知；

$$m(附加價值率)=\dfrac{mPQ(附加價值)}{PQ(銷貨收入)}$$

$$=\dfrac{63-27}{63}=\dfrac{36}{63}=0.57$$

(5)故 $\dfrac{F}{m}=\dfrac{30}{0.57}≒52.6$ 百萬元

(6)從以上結果得知，損益平衡點銷貨收入約為 52.6 百萬元，假如平均售價、變動費率、固定費均不變時，銷貨收入從目前的 63 百萬元降 10.4 百萬元成為 52.6 百萬元時，就會發生虧損情形。

5.4.2 ＜實例 2＞求損益平衡時銷售量

＜**問題** 1＞B 公司產品每一個以 4,100 元銷售，其變動單價爲 2,000 元，應收回的固定費爲 21,000 元，請代爲計算損益平衡時的銷售量多少？

B 公司基準資料

銷售單價	4,100 元
變動單價	2,100
固定費	21,000

＜**問題** 2＞知道損益平衡點時的銷售量（N）後，請試算比 N 增減一個單位（N＋1 個及 N－1 個）時的盈虧情形，以此了解 N 個的意義。

＜問題 1 求解要點＞

(1) 從損益平衡點公式 mPQ=F，使 Q 爲未知數，將 mP 移到右項，得 $Q=\dfrac{F}{mP}$ 的計算式。

(2) 因此，要先知道 F 和 mP（附加價值單價）

(3) 附加價值單價是從銷售單價中減去外部購入的材料費等變動單價，故
mP=4,100 元 － 2,000 元 =2,100 元

(4) mP 就是每銷售一個時可沖回固定費的動力，故損益平衡時的銷售量 Q 爲，
Q=21,000 元 ÷ 2,100 元 =10 個

＜問題 2 求解要點＞

比損益平衡點個數（N）增減一個的盈虧情形如下；

項　目　＼　數　量	N－1 9 個	N 10 個	N+1 11 個
①銷貨收入	36,900	41,000	45,100
②變　動　費	18,000	20,000	22,000
③附加價值（＝①－②）	18,900	21,000	23,100
④固　定　費	21,000	21,000	21,000
⑤盈　　虧（＝③－④）	-2,100	0	+2,100

故，銷售量比損益平衡時的 10 個少一個（＝9 個）時，則發生虧損－2,100 元。相反地，多賣一個（=11 個）時，開始出現盈餘 2,100 元。

5.4.3 ＜實例 3＞求損益平衡點比率

＜**問題**＞C 公司當期的業績為銷貨收入 31,500 千元總費用為 43,500 千元所以虧損 12,000 千元。因此總經理為了解損益平衡點要求會計部門計算變動費，獲得資料為 19,500 千元。根據這些資料請代為計算損益平衡點比率。

C 公司基本資料

銷貨收入	31, 500 千元
總 費 用	43, 500 千元
變 動 費	19, 500 千元

仍請照§ 5.1.5 節的附加價值圖填列相關數字，作為求解參考。

PQ 31, 500	vPQ 19, 500
	mPQ

＜求解要點＞

(1) 求損益平衡點比率由 § 5.3.2 節公式 5.4 得知，應為 $\dfrac{F}{mPQ}$

(2) 因此要計算 F（固定費）和 mPQ（附加價值）

(3) F 可從（總費用－變動費）計得，故

　　$F = 43,500 - 19,500 = 24,000$（千元）

(4) mPQ 的算法由左頁圖中資料得知；

　　附加價值＝銷貨收入－變動費

　　　　　　$= 31,500 - 19,500 = 12,000$（千元）

(5) 故 $\dfrac{F}{mPQ} = \dfrac{24,000}{12,000} = 200\%$

(6) 結果表示，為避免虧損須增加 1 倍的銷售額

＜証明＞ 茲以下列計算來証明之

① 銷貨收入增加 1 倍等於 $31,500 \times 2 = 63,000$ 千元

② 銷貨收入增加 1 倍時的變動費為，增加後銷貨收入×變動費率，故等於

　　$63,000 \times 0.619 \left(= \dfrac{19.5}{31.5} \right) = 39,000$ 千元

③ 附加價值（mPQ）＝①－②＝24,000 千元

④ 故可證明 mPQ=F，亦即附加價值可沖回所有固定費使該公司收支平衡。

5.4.4 ＜實例 4＞瞭解計算損益平衡點各因素

＜問題＞某 D 擬批購「便當」轉售，爲了推廣業務擬委託便利商店代銷，其條件如下：

①零售單價爲 250 元

②對便利商店每銷售一盒付 100 元佣金

③對製造便當廠商須付 30 萬元合約金

請問最低要賣多少盒才能收支平衡。

上述問題的重點在決定求損益平衡點的各項計算因素，然後才開始計算。

利用下列圖的關係，我們知道 mP×Q＝F 時表示收支平衡，因此應找出固定費、變動費等計算時的相關因素。

＜求解要點＞

(1)此問題首先要回到計算損益平衡點的原點，觀察各因素，例如 a.何者為銷售量為零時仍會發生的費用（固定費）？b.何者為每銷售時與 Q 成比例發生的費用（變動費）？

(2)從問題得知，銷售單價 250 元中每一盒的變動費為佣金 100 元，應收回的固定費為合約金 30 萬元，依此計算最低應賣多少盒，故與前面＜實例 2＞相同是求損益平衡時銷售量的問題。

(3)因此應利用 $Q = \dfrac{F}{mP}$ 公式求解。所以應計算收回固定費的動力每一盒的附加價值 mP（＝250－100＝150）。

(4)結果最低應賣的數量 Q 為：

Q=300,000 元÷150 元=2,000 盒

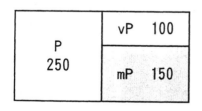 

5.5 公式 mPQ=F（附加價值＝固定費）

5.5.1 從公式 mPQ=F 談策略

在此再回想本章的最初質問，某商品是否合算（划得來）？經過前面一連串的討論分析後，此時各位的回答應有不同的看法。

合算可以下定義爲，附加價值 mPQ 超過固定費 F 的情形。亦即，附加價值 mP 的累積（mP×Q）可以沖回所有的固定費 F 而開始出現利潤 G 的狀況。

從上述，合算的定義可以想到下列二種經營策略；

(1) 提升附加價值 mPQ 的策略（mPQ↗策略）

(2) 降低固定費 F 的策略（F↘策略）

首先談附加價值（mPQ）策略。

因 mPQ=mP×Q 所以可展開爲 mP↗×Q↗的策略。再者 mP＝P－vP，故 mP↗的策略可再展開爲 P 的策略和 vP↘的策略。如此將各因素別的策略予以總合求 mPQ 總額的最大化，（詳見右頁圖左邊）。

其次談固定費 F 策略。

固定費有二種性質，也就是浪費時成爲虧損的原因，但是如有效運用時成爲競爭力。因此 F 的策略爲，經費節減的策略（F↘）和相反地積極活用固定費動力的策略（F↗）二種。所以如何巧妙地控制 F 就成爲管理上的關鍵，（詳見右頁圖右邊）。

這些策略應隨時檢討「公司的競爭力和市場動向」兩方面來選擇最適策略。

從公式 mPQ＝F 談策略

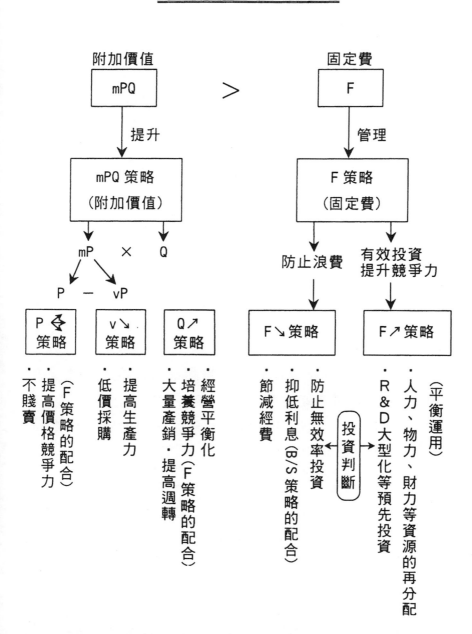

5.5.2 以 F/mPQ 做經營指標

總觀以上所述，經營上追求合算的精髓可濃縮為
〝F/mPQ（比較固定費和附加價值的動向來追求合算與
否）〞。此指標既簡單又有彈性是值得推介的指標，因此所
謂勝算策略係指，在經營環境的變化中所擬的決策對 F 和
mPQ（合理化的本質性因素）有何種影響，並追蹤分析其結
果 F/mPQ 如何變動，作為規劃新策略的依據。

日人西林精工的甲斐莊氏在經營教育研究會議中敘述：

「經營就是 F/mPQ，並無他途」。P/L 方面的事象都包含在
這四個因素。所以為勝算研訂策略時，最重要的事就是培養
所有員工有能力去理解，公司對這四個因素做了什麼決策。

換言之，企業舉辦管理研習的目標應該訂在，培養全體
員工對於經營問題有能力將「F/mPQ↘分為 F↘，m↗，P
↗，Q↗四個策略，然後予以徹底理解」，並明瞭經營當局
的要求究竟相當於其中的何項。

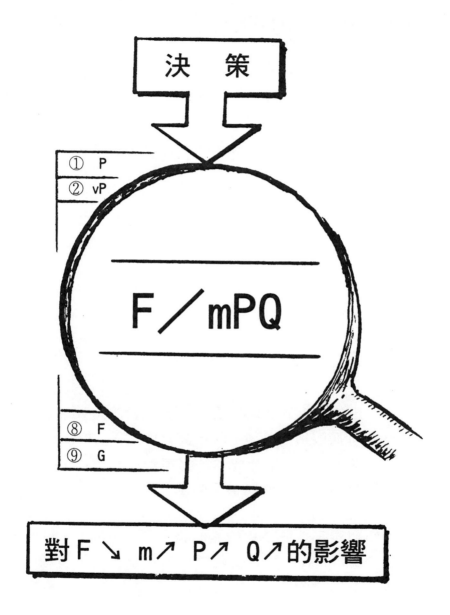

5.5.3 固定費和不景氣抵抗力

固定費和變動費的合計是總費用,故抑低固定費就可以相對地增加變動費的比率,兩者有互為不兩立(trade-off)的關係。因此固定費較輕的「變動費型企業」和固定費較重的「固定費型企業」遭遇不景氣時,利潤會如何變化,請看右頁的圖例。

上圖的變動費型企業的銷售額只要變化一成利潤會變化四成,(從基準銷售額時的 10 增減 4,變為 14 和 6)。

但是下圖的固定費企業同樣變化一成時,利潤卻有八成的變化,(從基準銷售額時的 10,增減 8,變為 18 和 2)。好景時賺得笑口常開是指這種現象。但是一旦轉為不景氣時,銷售只要減少一成則利潤會大幅下滑。

從此例得知,在不景氣時期抑低固定費的重要性,而好景時期自然可採取積極投資(固定費會增加)以增加銷售獲取利潤。實務上一旦形成的成本結構很難如願變換,因此應徹底瞭解銷售和固定費的關係來因應。

對於知識密集型產業或軟體開發企業,因其成本的大部份屬於固定費,故收回固定費就成為銷售量的最低目標。同時推行固定費的變動費化(詳見下節)就成為這些企業的經營課題。

變動費型企業（固定費 30）的變化

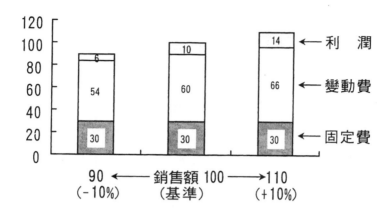

註：銷售額為 100 時變動費比率為 60÷ 100＝0.6，故銷售額降 10％，在 90 時，新的變動費為 0.6x (100x 0.9)＝54。利潤 為 90－(30＋54)＝6。

固定費型企業（固定費 70）的變化

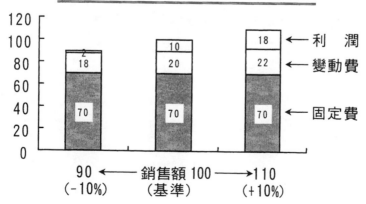

5.5.4 固定費的活化策略

　　企業的發展型態如從成本面觀察時,在創業期變動費較多,但是隨著企業的成長和昇級固定費會增加。其原因為設備投資和管理部門的龐大化,這些都會帶來利息負擔,折舊和人事費的增加,把損益平衡點拉高。

　　但是,這種認為固定費會必然增加的時代已終了,從今以後不宜被固定費一詞迷惑,應檢討如何將固定費項目活化或視為變動費去處理它。

　　固定費不要如過去概括地分類在一起,應分為無法即時削減的「確定固定費」,和從策略性考慮可變的「可變固定費」二種去檢討。尤其是後者容易受經營策略的左右,故配合現況將某一額度作為固定費,超過部份予以變動費化。

　　最近固定費的變動費化的趨勢愈來愈濃。例如對折舊問題利用租賃或租用方式,對編製內員工利用臨時工或聘顧人員代替,資料處理、總務、會計部門的外包化(Outsourcing)。此種方法不是單純的為了利用低成本的優點,還帶有策略性意義。除此以外已出現採取更積極的「薪津體系與業績關連」等方法。

固定費的活化策略

固定費活化策略

成熟期（固定費型經營）

成長期（準變動費型經營）

創業期（變動費型經營）

企業的自然發展

固定費的分類

確定固定費	因過去的決策而發生，無法即時刪減。 例如：折舊、保險費、財產稅、租金、利息支出等。
可變固定費	① 隨員工而發生的固定費： 　　例如：員工薪津、訓練費、福利費等。 ② 策略性的固定費：依經營方針而發生。 　　例如：廣告費、交際費、研發費、促銷費。

5.6 利用公式 mPQ=F 分析研訂策略

5.6.1 ＜步驟 1＞先看損益平衡點的量

　　下面以 A、B 兩公司的資料，照§ 5.2.1 節〝收支特性的歸納和符號化〞介紹的策略因素分析表整理如右頁。以此為例，參照前面所討論的各項技巧做綜合性分析。

　　＜首先看損益平衡點比率分級＞分析時不管其他情形，首先應從「損益平衡點比率」著手。依此看 A；B 兩公司中 A 公司的 181%較 B 公司的 242%好。雖然兩公司均為〝D〞級（虧損企業），但是顯然有差異。（註：分級方式請參考§ 5.3.4 節）

　　＜當期利潤如何＞其次看當期利潤 G。果然，較好的企業的 G 為－1,312 虧損較少。B 公司的 G 為-3,036 表示業績相當差。但是應注意有時〝率〞（BEP 比率）和〝量〞（G）的順序並不一定相同，依經驗相同的機率約在 85%。

　　＜量較率重要＞假如率和量的次序相反時哪一企業較佳呢，答案是〝量〞較佳的企業才是好企業。這一點也是一般常會誤解的問題，率較佳的企業不一定是較佳的企業，因〝率〞不能當飯吃，〝量〞才是我們發獎金的本錢，量不足的企業（虧損大的企業）會面臨關閉。

　　雖然量佔優勢的企業才是好的企業，但是企業的種類五花八門，例如有不同的業種、規模、歷史背景等，故實務上以量來比較是相當困難。因此，目前仍以求其次的方式採用〝率〞（BEP 比率）做比較。

研判範例

策略因素分析表

ITEM / NAME		A 公司	B 公司
①	P （平均售價）	36.0 ↗	46.5
②	（v 率） -) vP （變動單價）	（62.5%） 22.5 ↘	（38.7%） 18.0
③	（m 率） mP （附加價值單價）	（37.5%） 13.5 ↗	（61.3%） 28.5
④	Q （銷售數量）	120 ↗　（+98）	75 ↗↗　（+107）
⑤	PQ （銷售金額）	4,320	3,488
⑥	-) vPQ （變動費）	2,700	1,350
⑦	mPQ （附加價值）	1,620	2,138
⑧	（F/mPQ）=BEP 比率 -) F （固定費）	（181%） 2,932 ↗	（242%） 5,174 ↘
⑨	（G/mPQ） G （當期利潤）	（-81%） -1,312	（-142%） -3,036
	BEP 比率的分級　＊	D	D

＊ 分級方式見§5.3.4 節

5.6.2 ＜步驟 2＞看 v 率和成本結構

看過 BEP 的分級後應看〝v 率〞。

＜v≦0.5＞以製造業而言，v 率通常以 50%左右為標準，如再增加而在 55%時尚能接受，但是再高就應注意。依此標準看 A 公司 62.5%，B 公司 38.7%，故 A 公司是不及格而 B 公司屬良好。

＜mP≧18＞那麼 A 公司的 v 率不佳是指什麼？這種情形表示上欄①～③的「成本結構」不佳。尤其是表示每一部的附加價值單價 mP 的不理想。假如 m 率希望在 0.5 左右時，則 mP 應該在 18（=0.5×36），而 A 公司只有 13.5 故應設法提升 4.5 千元。

在 mP=13.5 的薄利下，換言之 v=0.625 的不利條件下，對 Q 要有相當程度的努力才能獲得適當利潤。故首要工作為改變「成本結構」。

＜P↗或 vP↘＞這 4.5 千元以採取提高 P 或抑低 vP 來應付。如採取 vP=22.5 不動，則應將 P 提高為 40.5（=22.5＋18）。如採取 P=39，則應壓低成本使 vP=21（=39－18）。

為了 P↗可採取市場調查，聘請商品化計劃專家或做價值分析（VA），透過這手段執行綜合性措施以改善「成本結構」，才能提高 P。

＜靠節約無法賺錢＞至此讓我們看 F，A 公司僅有 3,000 左右，顯然過低，F 應可提高為 3,500～4,500。換言之，A 公司過份節省，節省資金不能賺錢，應鼓勵研究開發。

策 略 因 素 分 析 表

ITEM / NAME		A 公司	B 公司
①			
②			
③			
④ ① P （平均單價）		36.0	46.5
⑤ ② -)vP （v 率）（變動單價）		(62.5%) 22.5	(38.7%) 18.0
⑥ ⑦ ③ mP （m 率）（附加價值單價）		(37.5%) 13.5	(61.3%) 28.5
⑧			
⑨ ⑧ F （固定費）		2, 932	5, 174

5.6.3 ＜步驟 3＞看 mPQ 和 F 的平衡

　　上面已對① BEP ② v 率③成本結構做了檢討，在此再度看看⑦ mPQ 和⑧ F 的平衡情形。

＜mPQ 對 F 的平衡＞此點 A 公司的 mPQ=1,620 顯然偏低，F＝2,932 也太少。因此首先應設法提升 mPQ，mPQ 係由 m、P、Q 的三因素構成，故應予逐一檢討。

＜m↗(v↘)作戰＞首先 m=0.375 表示變動費率太高(v=0.625)。如前述應設法改善，如採取價值分析（VA）等是其中一法。

＜P 作戰＞其次關於 P，A 公司的 36.0 與 B 公司等其他公司比較偏低，故應採取 P↗。忽視 mP 做賤賣行為是不應該的（當然高價政策也不宜採取）。

＜Q 作戰＞其次關於 Q，A 公司的 120 部是不及格的，為何？⑧的 BEP 比率告知我們，銷售必要倍率＝181%，銷售不足倍率＝81%，這 81%是指什麼？通常喜歡採取金額，認為指「銷售收入 PQ 的…%」，但是如採取數量而指「銷售數量 Q 的…%」更能引起員工（營業部門）的啟動意願。

　　120 部×0.81=97.2 部≒98 部，亦即再增加銷售 98 部時，以每部的附加價值單價 mP=13.5 就可以增加 1,323 (＝mPQ=13.5×98)可沖銷 G=-1,312 外尚可出現 11 千元的利潤，使 A 公司 BEP 比率的評價勉強進級為 C，但是仍在危險區。

＜計數是控制塔＞總之，F/mPQ，G/mPQ 猶如控制塔，以數字顯示我們應該做的事情。

策略因素分析表

ITEM	NAME		A 公司	B 公司
①				
②				
③				
④				
⑤				
⑥				
⑦				
⑧				
⑨				
①	P	（平均單價）	36.0	46.5
③		（m 率）	(37.5%)	(61.3%)
④	Q	（銷售數量）	120	75
⑦	mPQ	（附加價值）	1,620	2,138
⑧	F	（F/mPQ） （固定費）	(181%) 2,932	(242%) 5,174
⑨	G	（G/mPQ） （當期利潤）	(-81%) -1,312	(-142%) -3,036

5.6.4 ＜實例 1 ＞研訂策略──A 公司的策略

＜P↗Q↗能否併行＞假定 A 公司的 Q 要提高為 218 部 (=120+98)。以 A 公司而言一面提高 P，另一面要提高 Q，顯然有矛盾。解決這種矛盾的方法有二；一為 F↗策略，在固定費動力方面，投入更多資金。因為 F 在濫用時固然成為赤字的原因，但是有效運用時將成為競爭力。尤其是市場調查，研究開發等策略性的工作應投入更多資金。一般而言，此領域為中小企業最弱的一環。

＜產銷的平衡＞另一為，應注意生產、銷售、庫存的平衡。採取平衡政策是不需要動用資金可自然獲利的良策，但是需要用腦力。

＜對 A 公司的建議＞總之，對 A 公司的建議是；

① 實施市場調查和研究開發以提高 P

② 聘請商品化計劃專家來降低 vP

③ 以上述措施來達成 mP≧18 的目標

④ 加強研究開發提高 Q≧218 部

⑤ 以 v 率=0.50 為目標改善成本結構

⑥ F=2,932 與同業比較顯然偏低，應大膽的增加投資。至少以中規模為目標擴充現有設備。無條件的節省並非良策，如此下去可能把企業推到倒閉之路。

⑦ 執行以上 6 點，則有可能進級為 C（但仍在危險區）。

5.6.5 ＜實例 2 ＞研訂策略——B 公司的策略

＜**看成本結構**＞B 公司改善的重點呢？v 率=0.387 非常良好（稍嫌太好），而且 mP=28.5 故成本結構也很好。

＜**看 mPQ 對 F**＞關於 mPQ 對 F 的平衡，使用了 F=5,174 只賣 Q=75 故獲利僅有 mPQ=2,138。所以與 F 的差額的 G=-3.036 成為很大的虧損。因此 B 公司的 mPQ 應設法提升。

＜**mPQ↗策略**＞在此看看 m、P、Q 各因素，m 是太好 P 是太高，而 Q 是偏少。如看 BEP 比率則出現「應銷售 2.42 倍，不足銷售為 1.42 倍」。原銷售量 75 部的 1.42 倍 ≒ 107 部故，如增銷 107 部時，mPQ=28.5×107=3,050，G 才能轉虧為盈成為 14（=3,050-3.036），因此 B 公司至少要售 182 部才能脫離險境。

＜**固定費的生產性不佳**＞B 公司使用 F=5,174 只銷售 Q=75 顯然表示固定費的生產性不佳。既然使用 F=5.174 應充分運轉設法增加銷售量 Q，或以 3,000≦F≦4,000 為目標削減浪費的投資。

＜**對 B 公司的建議**＞B 公司的改善方案，在某種意義上較 A 公司容易。A 公司不得不採取 P↗Q↗的矛盾問題。相對地，B 公司由於實施 P↘很容易做到 Q↗。其次可採取低價主義拓展市場，同時進行 F↘的工作。

＜**以圖形觀察**＞以上分析如參照右頁圖，更容易了解。上段圖為「以 mPQ=F 觀念的圖形」，下段為「一般常見的圖形」，兩者各有優劣，但是如前述，前者可更直接掌握損益平衡點的本質 mPQ=F。

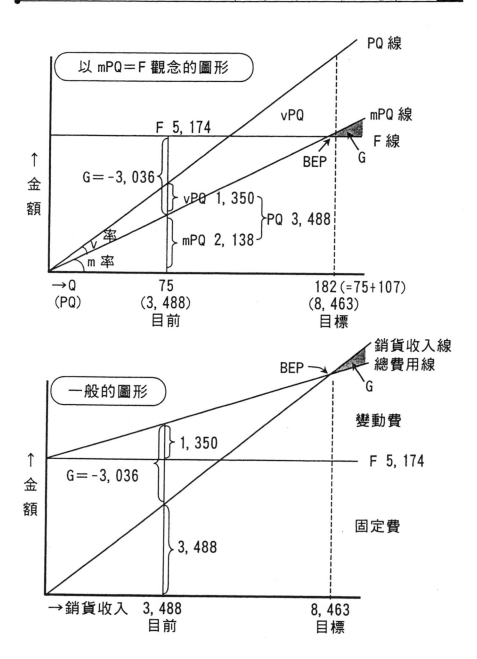

5.7 直接成本計算

5.7.1 直接成本計算法是什麼？

上面已詳述損益平衡點的應用方法。在此，擬介紹含在其中的直接成本計算法（Direct Costing）的想法。直接成本計算法的特色為，採取下述二步驟；

<步驟 1>從銷售收入（PQ）減去變動費（vPQ）求出附加價值（mPQ）又稱邊際利潤。

<步驟 2>從附加價值（mPQ）減去固定費（F）求出利潤（G）。

將附加價值和固定費對照（mPQ 對 F）的「兩步驟分析思考法」對於合算與否的判斷發揮很大的威力。這些計算步驟我們仍可以利用前介紹的「策略因素分析表」（部份表格如右頁）處理。

步驟的關係圖如右頁圖下段。

採用這種分析方法。對下列各項的檢討成為可能；

① 掌握配合作業度變化的真正合算狀況。

② 瞭解銷售量 Q、售價 P、原材料價格 vP，固定費 F 等的動向對利潤 G 的影響。

③ 發覺收入結構的改善點，據於檢討勝算策略。

下節起擬先整理全部成本計算和直接成本計算的不同點，並利用案例逐項解釋。

策略因素分析表(部份)

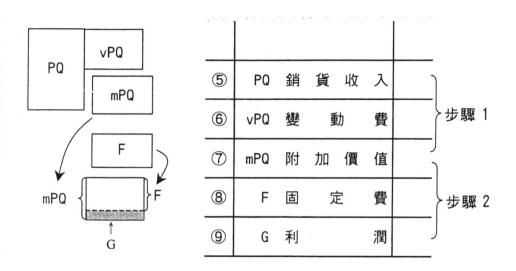

⑤	PQ 銷 貨 收 入		}	步驟 1
⑥	vPQ 變 動 費			
⑦	mPQ 附 加 價 值		}	步驟 2
⑧	F 固 定 費			
⑨	G 利 潤			

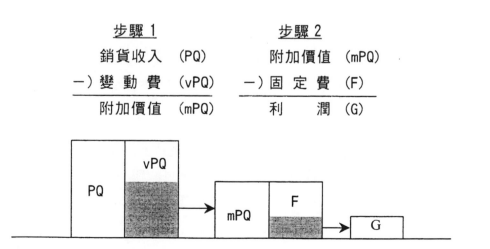

步驟 1

銷 貨 收 入 (PQ)
－)變 動 費 (vPQ)
附 加 價 值 (mPQ)

步驟 2

附 加 價 值 (mPQ)
－)固 定 費 (F)
利 潤 (G)

5.7.2 全部成本和直接成本的比較

　　全部成本計算法係為了掌握〝製造某製品究竟全部用了多少成本〞，亦即為訂價格而產生。其計算方法為，將製品成本中所含變動費和固定費全部一起計算。雖然將變動和固定費合併的方法有某種優點，但是作為決策手段要判斷是否合算和研訂製品策略時，常發生矛盾現象。例如，因在成本中計入固定費，當銷貨收入相等而存貨增加時，會發生利潤也增加等〝存貨的魔術〞（因在存貨的成本中計攤固定費，使當期的費用少列），致常會誤判當期的經營狀況。又，某一製品因銷售減少而對每一個銷售品分攤的固定費增加時產生〝表面上跌破成本，越賣越增加虧損〞的假象，因此對產品的正確貢獻發生誤判情形。

　　相對地，直接成本計算法係為了要發覺，由於全部成本計算所產生的存貨增加引起的黑字倒閉，所想出的方法。其計算程序為，將本質上性質迴異的變動費和固定費予以分開，明示〝未沖回前就成為虧損的固定費的總額多少，能沖回它的附加價值的總額多少〞，以對比附加價值和固定費兩者來掌握合算與否。

　　總之，直接成本計算法注意與售量成比例的成本特性，又採用從每一個銷售可增加多少利潤的觀點（邊際概念），是屬於能應付隨銷售量 Q 的增減的計算成本方法，對經營狀況的變化或製品策略的擬訂，發揮正確判斷的威力。

兩種成本計算的比較表

	全 部 成 本 計 算	直 接 成 本 計 算
計算方法	·在製造成本中含有固定費用。 ·固定費分配到各製品並按各產品計算損益。	·對性質不同的固定費和變動費分開。 ·對照固定費總數和附加價值總數決定是否合算。
期間損益	·存貨增加利潤也增加（很難發現黑字倒閉）。	·能正確掌握公司全體的合算狀況（可發現黑字倒閉）。
製品策略	·各產品對企業全體的合算是否有貢獻等問題容易發生錯覺。 ·尤其如有疑似虧損狀況的產品時。	·能正確掌握各產品別對全部固定費的沖回的貢獻程度。
其他	·財務會計，稅務會計規定的制度性程序。	·可利用線型規劃等近代管理科學。

5.8 直接成本計算的應用

5.8.1 ＜實例 1＞產品別划算與否的探討

＜案例＞甲公司製造 A、B 兩種產品，公司內部對於兩種產品對公司獲利的貢獻度，始終說法不一，請代為澄清，並介紹正確的判斷方法。

＜求解要點＞

茲以全部成本計算法（稅法規定的方法）和直接成本計算法計算兩種產品的貢獻情形。

採全部成本計算法：此法係對產品別計算「利潤」以判斷其獲利情形。首先須將固定費(2,000)分攤到各產品。因此遭遇如何決定分攤（分攤基準）問題。假定，情形①以銷售額比例分攤，情形②按材料費大小（35％和 65％）分攤。各情形的利潤會有差異，（如右頁上段）。其划算性從「利潤」大小看均 A 產品較佳。

採直接成本計算法：此法係從各產品對公司的全部固定費沖回的貢獻角度看。也就是求得各產品別的「附加價值」的大小（對固定費沖回的貢獻度）來判斷。上述 A、B 兩產品以此法計算結果（如右頁下段）來比較時，B 產品較有利，此結果與以全部成本計算結果相反。

總之，公司內產品別划算與否的探討，應以產品別求其附加價值來分析始能獲得正確的結果，此時不但可以拋棄固定費分攤問題，也能從全公司立場以「售價－變動費」的附加價值為基準做比較。因為附加價值大的產品（商品）沖回固定費的動力大，對公司整體的獲利貢獻也大。

以 全 部 成 本 計 算

	情形①			情形②	
	A產品	B產品		A產品	B產品
銷貨收入	2,000	3,000		2,000	3,000
材 料 費	900	1,700		900	1,700
固 定 費(2,000)	800	1,200		700	1,300
利　　潤	300	100		400	0
划 算 性	○	×		○	×

以 直 接 成 本 計 算

	A產品	B產品	全公司
銷貨收入	2,000	3,000	
材 料 費	900	1,700	
附加價值	1,100	1,300	2,400
	(46%)	(54%)	(100%)
划算性 　減：固定費	×	○	2,000
利　　潤			400

註：將材料費乙項視為變動費。

5.8.2 ＜實例 2＞某產品應否停產？

＜案例＞乙公司製造 C、D 二種產品，D 產品依全部成本計算每一個虧損 2 萬元，屬於〝不合算〞產品。有人提議停止製造銷售 D 產品，究竟 D 產品的停產是否對乙公司帶來狀況的改善呢？（乙公司的相關資料如右頁）。

＜求解要點＞

茲取得製造成本明細如右頁，並利用以策略因素分析表比較現況和停產後狀況如下。

策 略 因 素 分 析 表

		現		況	中止 B 產品
		C 產品	D 產品	全公司	全公司(月產品)
①	P	20 萬元	13 萬元	17.6 萬元	20 萬元
②	(v 率)	(50%)	(62%)	(53%)	(50%)
	vP	10	8	9.3	10
③	(m 率)	(50%)	(38%)	(47%)	(50%)
	mP	10	5	8.3	10
④	Q	100 個	50 個	150 個	100 個
⑤	PQ	2,000 萬元	650 萬元	2,650 萬元	2,000 萬元
⑥	vPQ	1,000	400	1,400	1,000
⑦	mPQ	1,000	250	1,250	1,000
⑧	F/mPQ			(92%)	(115%)
	F			1,150	1,150
⑨	G/mPQ			(8%)	(-15%)
	G			100	-150
	分 級			C (危險區)	D (虧損企業)

乙公司在未沖回固定費 1,150 萬元（假定停產後不減）以前，均屬赤字狀態。D 產品雖然無法沖回以全部成本計算時分配的所有固定費 350 萬元（＝製造固定費 200＋銷售費用 150），但是產生 250 萬元的附加價值 mPQ，對全部附加價值 mPQ 1,250 萬元提供約 1/5 的貢獻。因此在沒有想出較 D 產品更佳的代替案以前，停止 D 產品只會使公司的業績惡化。

乙公司×月份損益表

（全部成本計算）　　　　　　單位：萬元

		C 產品	D 產品	備　　註
每	銷售價格	20	13	
	製造成本	14	12	明細如下
一	管銷費用	4	3	
	總成本	18	15	
個	利　　潤	2	-2	
生產・銷售量		100	50	
總 利 潤		200	-100	

製造成本明細

		C 　　產　　品		D 　　產　　品	
		單　　價	計 算 方 法	單　　價	計 算 方 法
製 造 成 本		14	1,400 萬/100 個	12	600 萬/50 個
	變 動 費	10	1,000 萬/100 個	8	400 萬/50 個
	固 定 費	4	400 萬/100 個	4	200 萬/50 個

・製造固定費係將發生金額 600 萬元，按生產個數比例分配，即

　　　C 產品：400 萬元，D 產品：200 萬元

・管銷費用＝C 產品 4 萬×100 個＋D 產品 3 萬×50 個

　　　＝400 萬＋150 萬＝550 萬

・F＝600 萬＋550 萬＝1,150 萬

5.8.3 ＜實例３＞掌握正確的經營狀況

＜案例＞丙公司 x 月份的損益表（依全部成本計算法）如右頁，該表雖表示 750 萬元的盈餘，但是經詳細分析其經營狀況實質上是虧損，如不採取緊急對策，該公司將瀕臨危險狀態，請予以剖析。

＜求解要點＞

我們應回憶前述合算與否的觀察法，將〝未沖回前仍為赤字的費用亦即固定費〞和〝沖回固定費創造利潤的附加價值〞做對照來看。先利用策略因素分析表整理成本結構（如下表①～③），據此依直接成本計算法計算⑦附加價值，⑨當期利潤。

單位：萬元

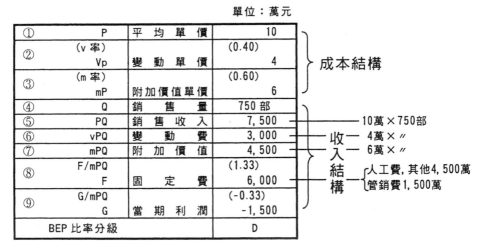

①	P	平 均 單 價	10
②	(v 率) Vp	變 動 單 價	(0.40) 4
③	(m 率) mP	附加價值單價	(0.60) 6
④	Q	銷 售 量	750 部
⑤	PQ	銷 售 收 入	7,500
⑥	vPQ	變 動 費	3,000
⑦	mPQ	附 加 價 值	4,500
⑧	F/mPQ F	固 定 費	(1.33) 6,000
⑨	G/mPQ G	當 期 利 潤	(-0.33) -1,500
	BEP 比率分級		D

成本結構

10萬×750部
4萬× ″
6萬× ″
收入結構
人工費,其他4,500萬
管銷費1,500萬

結果顯示，丙公司的現況（依全部成本計算）係由於存貨增加（期初 0，期末 750 部），將部份成本遞延下期，變為表面上有利益的假象，實質上有 1,500 萬元的虧損。

丙公司×月份損益表
（全部成本計算） 單位：萬元

	數　　量	金　　　額	單　　價
銷　貨　收　入	750	7,500	10
銷　貨　成　本*見明細		5,250	7
銷　貨　毛　利		2,250	3
管　銷　費　用		1,500	
本　期　利　益		750	

*銷貨成本計算明細 $(S_1 + F. in - S_2)$

	數　　量	金　　　額	單　　價
S_1 期初成品存貨	0	0	0
F. in 本月成品成本	1,500		
材　料　費		6,000	4
人　工　費		3,000	
其他製造費用		1,500	
合　計$(S_1 + F. in)$		10,500	7
S_2 期末成品存貨	750	5,250	7
銷售成本	750	5,250	7

註：本期銷售量(Q)　750 部

變動單價(vP)…材料費 4（因期初無庫存故可直接採用此數）

固定費(F)……　人工費、其他製造費用、管銷費用 6,000

5.8.4 ＜實例 4＞決定作業量

＜**案例**＞由於景氣不佳，丁公司銷售量下降 20％，是否仍舊繼續 100％的作業量，或作業量也要降 20％，請對作業量做決策。但是依目前資料（以全部成本計算）將作業量降爲 8 成的 B 案,由於固定費偏高成本也較高，本案發生超出成本的現象，所以越賣越虧（如右頁資料）。

＜**求解要點**＞

茲利用策略因素分析表比較 A、B 案之差異如下表。

單位：萬元

		A 案（100％）	B 案（80％）
①	P	96	96
②	（v 率）	（62.5％）	（62.5％）
	vP	60	60
③	（m 率）	（37.5％）	（37.5％）
	mP	36	36
④	Q	800 部	800 部
⑤	PQ	76,800	76,800
⑥	vPQ	48,000	48,000
⑦	mPQ	28,800	28,800
⑧	F/mPQ	（111％）	（111％）
	F	32,000	32,000
⑨	G/mPQ	（-11％）	（-11％）
	G	-3,200	-3,200
BEP 比率分級		D	D

兩案的虧損情形完全相同，我們應察覺，不管 A 案或 B 案，關鍵在於應將目前的銷售量提高 11％（＝89 個）才能收支平衡。兩案都是越賣沖回 F 越多,當多出 89 個時銷售收入多出 3,204 萬元（＝mP 36 萬元×Q 89 個），始能沖完 F。

那麼兩案有何差別呢？差別在於〝資金調度〞。兩案的收入相同，但是，A 案由於充分生產，每月的變動費支出增加 12,000 萬元（ vP 60 萬元×200 個），需要多出該部份的資金，影響資金調度的惡化，增加利息支出。一方面倉儲費也會增加。故本案例在財務上 B 案較健全，（不宜被全部成本誤導，而發生錯覺）。

丁公司×月份損益表

（以全部成本計算） 單位：萬元

前　　提　　條　　件		銷售量從 1000 部／月減少為 800 部／月 但是景氣回復的可能性不明確	
待　　決　　方　　案		A 案	B 案
作　　　　業　　　　量		維持 100%	降為 80%
生　　產　　數　　量		1,000 部	800 部
每部資料	售　　　　　　價	96	96
	變　　動　　費	60	60
	固　　定　　費	32	40
	總　　　成　　　本	（成本率 96%） 92	（成本率 104%） 100
	損　　　　　　益	+4	-4
銷售 800 部之損益		+3,200	-3,200

註：每月固定費的發生額為 32,000 萬元，故每部固定費為：

A 案 32,000 萬元／1,000 部＝32 萬元

B 案 32,000 萬元／800 部＝40 萬元

5.9 自己試試看(4)、

<問題> 下面的數字是丙寅公司的三年間的 P/L，讓我們做
損益平衡點分析。

丙　寅　公　司

單位：百萬元

項　目　＼　年　度	88	89	90
銷　貨　收　入	3, 150	3, 270	3, 420
變　　動　　費	1, 800	1, 935	2, 100
附　加　價　值	1, 350	1, 335	1, 320
固　　定　　費	960	990	960
經　常　利　益	390	345	360

請計算右頁表所列各項比率，據此檢討下列各點。

・損益平衡點的趨勢如何？

・損益平衡點比率的水準如何？

上述兩比率的求法已在§ 5.3.2 節解說，在此再複習如下：

損益平衡點係虧損和利潤剛在零時的銷貨收入，如銷貨收
入再增加則該部份成為利潤。

損益平衡點比率為，測知目前的銷貨收入超過損益平衡點
多少的指標，此比率愈低，對不景氣的抵抗力愈強。

＜解答＞

丙　寅　公　司

單位：百萬元

比　率 ＼ 年　度	88	89	90
損　益　平　衡　點	2,240	2,425	2,487
損　益　平　衡　點　比　率	71.1%	74.2%	72.7%

・損益平衡點有逐年增加的趨勢，故屬不利現象。

・但是損益平衡點比率尚在 75％ 以下，故問題還不嚴重。

＜計算例──88 年度＞

① $BEP = \dfrac{\text{固定費}}{1 - \dfrac{\text{變動費}}{\text{銷貨收入}}} = \dfrac{960}{1 - \dfrac{1,800}{3,150}} = \dfrac{960}{1 - 0.5714} = 2,240$

　或 $PQ = \dfrac{\text{固定費}}{\text{附加價值率}} = \dfrac{960}{0.4286} = 2,240$

② $BEP \text{ 比率} = \dfrac{BEP}{\text{銷貨收入}} = \dfrac{2,240}{3,150} \times 100 = 71.1\%$

自己試試看(5)

<問題> 下列爲丁卯公司的基本資料，請利用§5.3.3 節所
介紹之損益平衡點應用公式，求下列各種問題。

丁 卯 公 司

銷貨收入	S	9,000
變 動 費	V	6,300
固 定 費	F	2,100
利 益		600

①求附加價值率

②求損益平衡點銷貨收入(BEP)

③求銷貨收入降爲 8,100 時的利益

④爲達成利益 1,500，目標銷貨收入應爲多少

⑤求固定費增加 10%時的 BEP

＜解答＞

①附加價值率 $m = 1 - \dfrac{V}{S} = (1 - \dfrac{6,300}{9,000}) = 0.3$

② $BEP = F \div m = 2,100 \div 0.3 = 7,000$

③利用公式 5.5　　$G' = S' \times m - F$
　　則目標利益＝目標銷貨收入×附加價值率－固定費
　　　　　　　　　$= 8,100 \times 0.3 - 2,100$
　　　　　　　　　$= 330$

④利用公式 5.6　　$S' = (F + G') \div m$
　　則目標銷貨收入＝(固定費＋目標利益)÷附加價值率
　　　　　　　　　　$= (2,100 + 1,500) \div 0.3$
　　　　　　　　　　$= 12,000$

⑤利用公式 $BEP = F \div m$
　　則目標損益平衡點銷貨收入　＝預估固定費÷附加價值率
　　　　　　　　　　　　　　　　$= (2,100 + 210) \div 0.3$
　　　　　　　　　　　　　　　　$= 7,700$

第六章

看現金流量表檢討策略

從資金面看企業的營運方向

摘要
＜從資金面看企業的營運方向＞

△ 近年各界開始注意企業的現金流量問題，雖然現金是企
　業生存的血液，但是會計報表中對提供現金流量的資訊
　一直缺乏有效率的產生程序。

△ 會計上的損益不等於現金收支,因此必須編製一種報表供
　企業做現金管理之參考，資金運用表或現金流量表乃因
　應此種需求所編製的財務報表。

△ 本章先介紹初期資金運用表發展到目前的現金流量表的
　過程，以期了解該表想表達的內容。希望讀者熟悉該表
　所表達的企業的營業、投資和理財等三種活動對現金流
　量的變化的影響後，探討企業的資金運用是否合乎經營
　方針。

6.1 現金流量表產生的背景

6.1.1 現金流量表產生的歷史

企業隨著固定資產的增加而增加貸款,金融機構為了從申貸企業的財務報表解讀其償債能力想出各種辦法,資金運用表就是其中之一。

該表起源於柯爾氏(美國人)在 1908 年依據鐵路公司的實務,發表〝where got, where gone〞(資金的來源,資金的去路)的比較 B/S。

接著在 1921 年費寧氏(H. A. Finney)在比較 B/S 採取還原計算(決算時在帳上所做的折舊等非現金支出項目予以還原),以期更正確的掌握資金的動態,於是出現資金運用表。另一提倡資金運用表的學者卜利斯氏認為「資金運用表係為了使一般企業家,在閱讀 B/S 時能引起興趣,易於理解,且有幫助的技術」。

此後,資金運用表在美國不景氣的籠罩下,發展成為資金籌措和償債能力分析等的有力技術。

目前所用的現金流量表係從最初的資金來源和去路表經過近百年的演變逐步改進而形成。美國 AICPA(公認會計師協會)於 1971 年在會計基準中規定在財務報表中應包括「現金流量表」。日本也規定自 2000 年 3 月起股票上市公司必須公開此表。

我國法令規定財務報表的主要表,必須包括現金流量表,但是一般對此表並不十分重視。對於作為檢討企業策略的參考更缺乏興趣。

現金流量表產生的歷史

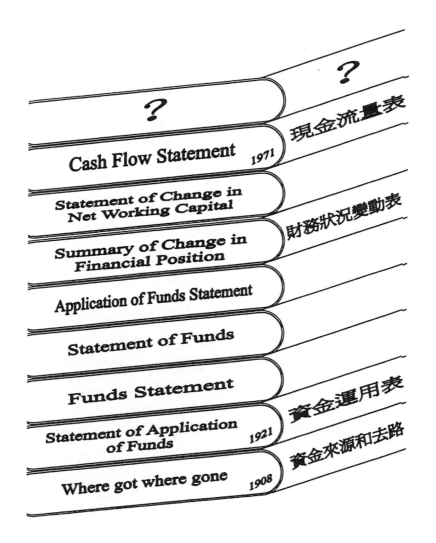

6.1.2 檢討現金流量的重要性

有一句諺語，〝損益雖軋平，但現金仍不足〞。這表示，企業雖在損益帳上能平衡，但是可能因現金收支發生紅字而被迫關閉的情形，為何會發生此種情形呢？

某公司曾派精於業務的高級幹部赴轉投資的子公司主持業務，而慘遭倒閉的命運。該幹部對以前的教育主管訴苦說：「你以前在培訓時教導了很多，但是從未指點我們關於現金的可怕之處。」

本章針對此點，希望讀者切身體驗企業倒閉係在無法支付現金時發生。〝現金的可怕之處〞可以整理為二點，第一為現金的需求無法要求〝等待〞。損益發生紅字並不會即時倒閉，但是現金如不能及時支應時，即成為直接的致命因素。

現金的可怕之處的第二為，一般人士很難了解現金（收支）和利潤（損益）有不同的流動性質，亦即〝資金的呆滯〞（資金的固定化）的嚴重後果未被知覺，而在不知不覺中陷入資金短缺。

為了有充裕的資金，首要的任務就是應增加其基本來源的利潤，其次應重視如何掌握資金運用，以期控制〝資金呆滯〞。實際上這些工作就是如第 4 章所討討的，策略上對 B/S 訂定最適的架構。

6.1.3 資金調度如企業的家計簿

經營的任何活動均與資金有關連。讓我們看右頁以製造業為例的情形，資金以自有資本出發，經過設備投資、購料、製造、銷售、收帳的反復循環中增減。亦即以「資金→東西→資金」方式循環，循環中如發生資金減少或短缺時，必須以借款或增資方式做資金籌措。

這循環中對資金的流向做調節稱為「資金調度」（短期資金計畫）。其目的在管理資金流入和流出的時期暨餘額管理，故本質上與個人的家計簿相似。

家計在，以現金收到薪津，以現金支付家用時期，因為均屬現金的流向所以比較單純，但是如開始使用信用卡或貸款時就逐漸複雜化。至於企業如右頁圖例說明，現金以各種各樣的東西滯留故更複雜。例如在建築設備上長期固定了龐大的資金，商品也在出售前屬於東西，應收帳款也在收現前成為資金呆滯的溫床。綜之，資金的收入和支出間有時差，故資金調度成為企業的重要的工作。

企業活動——從資金之循環過程看

企業活動——從資金之循環過程看

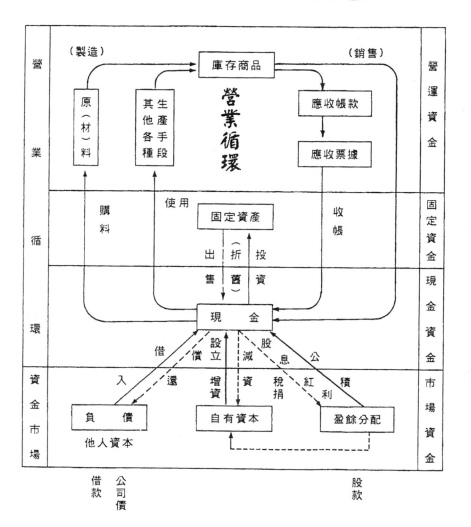

6.1.4 會計的特殊觀念對現金收支帳的影響

一般常誤解的事情有「利潤＝現金」。賺錢不一定如數在金庫中有現金。因為利潤≠現金，為何？利益係以 P/L 的「收入－費用＝利益」求得，但是其中若干項目不一定與現金的流量相關。一方面現金結存係以資金調度的「現金收入－現金支出＝現金結存」來掌握。國人將銷貨收入和現金收入均以簡化為「收入」，故更易於引起誤解，至於費用不等於(≠)現金支出，雖較明顯，但是一般仍混稱為支出。總之利益（利潤）和現金結存是表示不同的結果。

售貨收到現金或費用在支付現金時才計列的方法，會計上稱為現金收付制。但是現代會計的處理原則與現金的動向不一定相連，對於費用，在期間中如發生應付的事實（支付義務的發生）就予以計列（權責發生制），售貨收入則不考慮是否收到現金，在銷售時點就計列（收益實現觀念）。

其理由為，如須待收現時才計列銷貨收入，或支付現金時才計列費用，就無法表達經營的實況。其典型的案例為賒銷和賒購的商業行為，其收現和付現的時期均在事實發生以後。由於這些會計的特殊觀念，使會計上的收支和現金收支發生差異。

其他存貨的存在，固定資產的折舊，借款和償還等各種原因帶來利益和現金結存發生差異，所以會計上的收支與出納的現金收支是兩碼事。「有利益不一定有現金」，如將兩者混為一談就無法理解資金的意義，也不了解資金調度的重要性。

損益和現金收支的差別

<table>
<tr><td>帳面上所謂「賺錢」
收入－費用＝利益
損益表
權責發生制
收益實現觀念</td><td>VS</td><td>一般所謂「有錢」
現金收入－現金支出＝現金結存
資金收支表　　資金流量表
現金收付制</td></tr>
</table>

損益和現金收支不符的原因例

收入和費用	不符原因	現金收支
以應收帳款或應收票據計列銷貨收入	賒　　　銷	未收現前未計列現金收入
有時列入費用	賒　　　購	不需即時付款故未列支出
未出售的商品不計入銷貨成本(費用)	庫存的存在	有的購料可能已付現
只將折舊部份列入費用	固定資產	一次支付(現金支出)
計入費用	折　　　舊	無現金支出
無收入科目的增加	借　入　款	現金增加
不能視為費用	償　　　還	現金減少

6.1.5 會計上的損益 ≠ 現金收支實例

茲舉例說明會計上的損益不等於現金收支的情形。

假如某企業在期末前一二個月為了彌補資金短缺,忽忙地採取賤賣方式,擬增加現金結存,此法實際上並無法及時支應資金調度,其原因為實際的營業慣例很少屬現金交易,而大部份為信用交易,故賤賣而得到者並非現金而是支票。如支票到期日(收回期間)在四個月時,10月份的銷售,其入金在次年2月左右。(支票雖可以貼現,但被扣除利息,故應屬於借款性質)

為即時需款而賤賣,少了手邊的材料及製成品,但是得到者是支票而非現金,這種窘境是大家會體會的。

這種損益和資金(現金收支)的流動在時間上並不一致,就是〝損益雖軋平,但現金仍不足〞的原因。

在此再舉具體案例說明「損益」和「資金收支」流動的差異(見右頁圖例)。假如前期結轉的應收帳款(STOCK ①)為三千萬元,當期銷貨收入(Flow-in)為 2 億元,期末的應收帳款餘額(STOCK ②)為 9 千萬元,當期中的應收帳款收回(即現金收入)多少?

本項的計算方法如前述是 $S_1 + F.in - S_2 = F.out$,故答案是 30＋200－90＝1.4 億元。由此得知,作為 P/L 的損益計算(收入－費用＝利潤)中的銷貨收入為 2 億元,但是經過 B/S 應收帳款的計算可作為資金調度的現金收入只有 1.4 億元。其流量有顯然的時間落差(time-delay)。

此種情形趨於嚴重時,則發生〝黑字倒閉〞。中小企業的黑字倒閉的大部份係此類型態。在銷售上一方面設法擴張銷售額,另一方面未注意催收貨款,成為經營上的瓶頸。

為何 P/L 的收入和現金收入不同

（單位：百萬元）

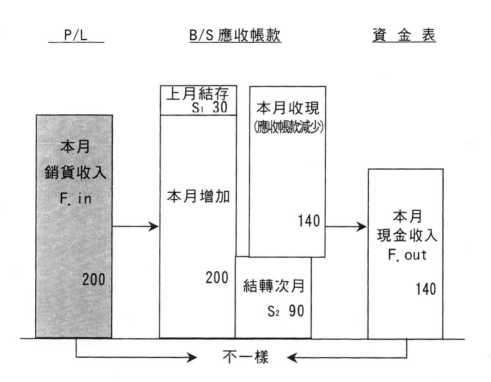

當期收到的現金

$$F.\,out = S_1 + F.\,in - S_2$$
$$= 30 + 200 - 90$$
$$= 140$$

6.1.6 為何利潤不等於現金

假定如右頁圖，從 P/L 的水池向 B/S 的最下層流入當期的水量（利潤）40。如利潤和現金的流動量相同時，B/S 的最上層的水龍頭應流出（增加）與利潤增加部份相同的 40 的水（現金）。但從水龍頭流出的水（現金）只有 10。為什麼？

答案是部份現金在途中呆滯。亦即以〝B/S 的眼光〞看，當期在〝可看到的一方〞增加了設備 15，存貨 10，應收帳款 60 等資金運用計 85。一方面，〝看不到的一方〞除了利潤以外，現金的來源增加應付帳款（以信用而來的他人資金）55，此部能減少現金流出，所以兩者的差額 30，成為資金運用淨增加。從利潤減去當期實際運用淨增加的資金 30 的餘額 10 才是現金的增加部份。如此，在 B/S 滯留的資金部份（資金的運用）成為利潤和現金的差異。

問題在於此種資金運用的內容，假如以資產形態滯留的資金，係營業活動上必須的規模，而有效的週轉對獲得利潤有貢獻時，水池的水量會增加，管路中的水也在週轉，對資金調度並不發生阻礙。但是如前述情形，資產在不經意中，會成為贅肉使資金呆滯。假如未察覺這些贅肉，讓膨大的資金在管路中固定化時，雖然利潤上升，但是由於現金的短缺，使企業陷入動彈不得。所以如何增加水池的水量（利潤），和如何提高管路中的週轉，兩者都是資金調度的策略，而是 B/S 策略本身呢！

P/L   B/S

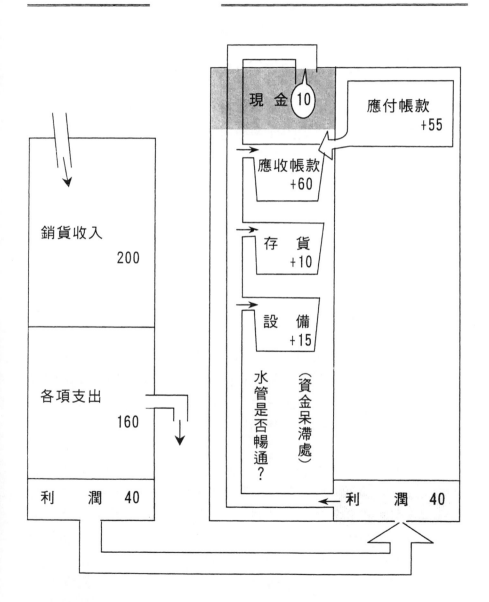

6.2 如何閱讀現金流量表

6.2.1 從比較 B/S 看資金流量

從以上的說明我們知道損益表(P/L)與資金收支不同。現代會計（財務會計）又不能直接產生資金流向（現金收支）的資料。所以目前實務上只有利用 B/S 爲基礎，作適當的調整後編製現金流量表。這些調整及重編工作多屬會計專業，本書擬不詳述。惟在利用會計資訊爲目的下略述所需知識。

如前述資金的獨特的動向，成爲現金流量表中的增減依據，因此讓我們先檢討其基本來源的前後二期的 B/S 的比較資料（稱爲比較 B/S），來了解資金的動向。

茲有如右頁比較 B/S，（銷貨收入兩期均爲 120 億元），能否一眼就看出本期資金不足呢。因爲右邊的資金來源中出現長短期借款計 20 億元，表示資金的運用比資金的來源大，資金來源不足部份以增加借款支應。這些資金如何運用將決定 B/S 的財務結構，故必須探討下去。

＜下半段的動向如何＞如前述（§ 2.2.1 節）B/S 可依資金的性質分爲上下二段來觀察。首先檢討下半段。B/S 的下半段表示固定資產，也就是企業的投資活動。固定資產係企業競爭力的基礎，而且因爲將龐大的資金長期固定下來，故對將來的經營有重大的影響。

＜上半段的動向如何＞其次，看看 B/S 的上半段的動向。B/S 的上半段表示營業活動的現金流量，也就是營運資金的流向。營運資金係如血液隨著營業活動循環，以庫存(存貨)→應收款→現金→庫存的程序週轉的資金。假如營業活動大型化，或景氣惡化而流動狀況（週轉）惡化時，即時會反應到資金的不足。這部份與前述固定資金不同，爲每天的營業活動時調度上所需的資金。

比　較　B/S

單位：億元

資　金　的　運　用				資　金　的　來　源			
科　　　目	前期	本期	差額	科　　　目	前期	本期	差額
現　　　金	10	10	0	應付帳款	30	45	+15
應收帳款	30	40	+10	短期借款	20	30	+10
存　　　貨	20	30	+10	長期借款	30	40	+10
固定資產	40	60	+20	資　　　本	10	10	0
				各項公積	10	15	+5
合　　　計	100	140	+40	合　　　計	100	140	+40

註：①銷貨收入兩期均為 120 億元

　　②備抵折舊，前期＝15，本期＝20

6.2.2 以現金流量表掌握資金流量

　　現金流量，除上節所述以比較 B/S 做初步的瞭解外，目前一般公開的財務報表中的現金流量表係表示資金流向的正式報表。

　　資金的流向，從財務各表的關係看，如右頁上段圖呈顯五種流量(Flow)。這五種流量由 B/S 扮演連貫關係的樞紐。

　　首先，有從 P/L 向 B/S 流入利潤成為企業的動源（自有資金），稱之為〝利潤的流量〞。

　　B/S 係以利潤作為動源轉動固定資金和營運資金的雙循環引擎，形成〝固定資金的流量〞和〝營運資金的流量〞兩種。固定資金係指企業未來的競爭力基礎的設備投資等資金，營運資金係指維持每日營業活動所需的存貨或應收帳款等資金。

　　上項利潤和固定及營運資金的運用方向，左右對外理財的增減，亦即決定 B/S 的骨架，稱之為〝理財活動的流量〞。

　　企業在維持每日營業活動所需的營運資金，決定手邊留存現金的多少，稱為〝現金的流量〞。

　　會計的目的就是協助企業經營者掌握上述五種流量。這五種流量，在複雜簿記下以現金收支表、B/S 及 P/L 相關的帳票分散出現，故要整體地掌握這五種流量的互相關係，對不精通簿記原理者是至難的工作。如何以更容易瞭解的方法讓一般大眾了解有待會計先進的努力。不過各國已要求編製如右頁下段的現金流量表，似對問題的解決提供一條途徑。

　　下面各節擬利用§ 6.2.1 節之比較 B/S 分別對企業的營業及投資兩種活動之現金流量做探討。

企 業 的 現 金 流 向

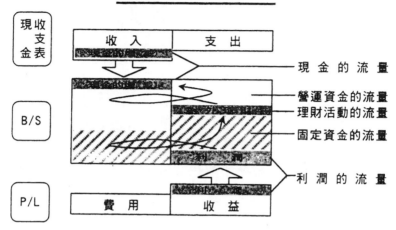

現 金 流 量 表

××年度	單位：億元	說　　明
純益（稅後利潤）	20	利 潤 的 流 量　P/L
＋折舊	5	
－應收帳款增加	-10	營運資金的流量
－存 貨 增 加	-10	
＋應付帳款增加	15	
營業活動的現金流量	+20	
＋固定資產的出售	0	固定資產的流量　B/S
－固定資產的購置	-25	
投資活動的現金流量	-25	
＋短期借款增加	10	理 財 的 流 量
＋長期借款增加	10	
＋股 本 增 加	0	
－發放股利、酬勞金	-15	
財務活動的現金流量	+5	
本年度現金的增減	0	現 金 的 流 量　C/F

6.2.3 檢討投資活動之現金流量

上述（§ 6.2.1 節）案例對本期和前期的差額，應以〝可看到的東西（資金的運用）〞和〝看不到的東西（資金的來源）〞的眼光來同時掌握左右兩方。

對固定資產的投資會使〝資金長期呆滯〞，故其資金的來源以〝不必償還的自己的資金〞支應的程度越多越安全。依此原則來看固定資金的運用時，應著眼於〝固定資產增加部份（設備投資等）對自有資本增加部份（利潤）〞的平衡情形。

本期的資金運用為固定資產投資 20 億，相對的自有資本只有 5 億，故有 15 億的資金不足。如何處理此不足就成為待決策的重大事項，例如停止投資或進行投資，如進行投資資金如何籌措等。本案採取了進行投資的決定，其不足部份以長期借款 10 億支應，另 5 億則流用營運資金。由於減少了日常所需之營運資金，可以說採取了相當危險的財務運用。

長期資金的來源對長期資金的運用產生 5 億的不足，其結果〝償債能力〞（營運上的剩餘資金，流動資產－流動負債）如右頁減少 5 億。再者，表示抵抗長期不景氣的固定比率（固定資產／自有資本）也從 200% 惡化為 240%，財務結構的骨骼已疏鬆。這種龐大的設備投資是否成功對該公司構成今後長期性的影響因素。

從上述〝應探討的重點〞大家可能感覺到與第 2 章如何閱讀資產負債表(B/S)很類似。不錯，基本上是相同的，但是請注意兩者的差別。B/S 閱讀的重點係對資產負債的某一時點的存量(Stock)為檢討對象，而比較 B/S（現金流量）係從資金運用的角度檢討資產負債在年度內的流量(Flow)。

前 期 B/S　　　　　　　　本 期 B/S

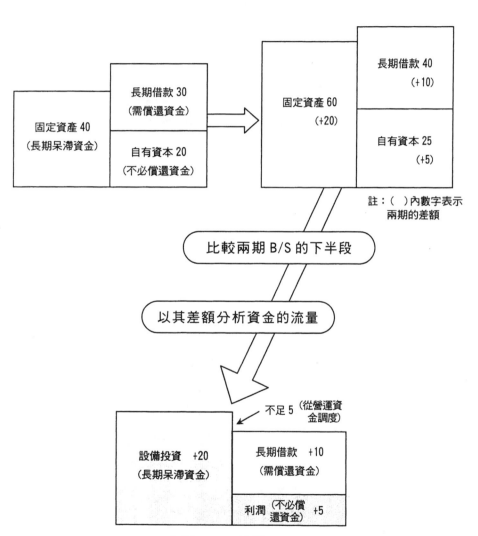

註：（　）內數字表示
兩期的差額

比較兩期 B/S 的下半段

以其差額分析資金的流量

不足 5 （從營運資
金調度）

設備投資　+20
（長期呆滯資金）

長期借款　+10
（需償還資金）

利潤 （不必償
還資金） +5

本期 B/S－前期 B/S

6.2.4 投資活動應配合內部資金

　　大家都知道在家庭購車或出國旅行的支出從生活費中勻出較借款穩當,企業也一樣,雖然設備投資的資金大都以借款或公司債籌措,如以營業活動而來的資金更可放心。

　　營業活動而來的資金主要為當期利益和折舊(包括折舊之理由後述)的合計,又稱為「折舊前利潤」。此項資金既然不是從增資或借款所得,會計上稱為內部資金或自有資金,表示企業的資金力。為了表示設備的投資是否在折舊前利潤範圍內,可計算一種比率稱為「折舊前利益與設備投資比率」(如右頁)。

　　此比率超過 100%時,表示設備投資和營業活動而來的資金的差額必須以借款等來填補;相反地,如遠低於 100%時表示在緊縮投資或營業活動而來的資金很充裕,其結果資金有剩餘。

　　企業面臨不景氣時,折舊將成為重擔,故投資應緊縮在營業活動而來的資金範圍以內。景氣在回升局面時雖然可利用營業活動而來的資金之增加,擴充設備投資,帶動景氣的良性循環,但是仍應想到停滯經濟下需求擴大的希望不大時期,故應不宜盲目追求投資而應以償還負債為優先。

　　總之,保守的作法是,設備投資應在營業活動而來的資金範圍內為限,而在景氣低迷時期,應重視現金流量來防止過分投資。

公式 6.1　折舊前利益[*]與設備投資比率＝ $\dfrac{設備投資}{折舊前利益}$

＊折舊前利益＝當期利益＋折舊

6.2.5 檢討營業活動之現金流量

　　檢討企業營業活動的現金流量首先應著眼於營運資金的動向。亦即注意應收帳款的增加＋存貨的增加－應付帳款的增加等等三項的計算結果，如結果為正數表示比前期需要更多的營運資金，故稱為「增加營運資金」。（以賒購而發生的應付帳款表示可減少此部份的資金的需求，故作為減項）

　　要多銷必須帶來材料、在製品、製成品等存貨，以及更多的應收帳款故需要更多資金。又，景氣惡化時馬上影響存貨的增加，應收票據的期間會拉長需要呆滯的資金。亦即，營運資金通常有增加需求的傾向，因此控制營運資金的增加就成為關鍵事項。

　　右頁Ⓑ的資料表示從前後期的差額看營運資金的增加需求為 5 億元(＝10＋10－15)。此不足部份的營運資金的來源，只有依賴固定資金所剩的資金或短期借款，但是本案例（見§6.2.1 節）因固定資金本身不足 5 億元，所以才以短期借款 10 億元之一部份支應。

　　這種營運資金的增加內容，如計算週轉期間來分析則可知曉（以 1 個月份的銷售收入 10 億元除）。其結果為銷售收入並無增加，但是應收帳款，存貨均多出一個月的週轉惡化情形。由此得知，其原因並不是為了銷售收入的增加，而是應付各項資產膨脹所發生的資金不足。

　　從 B/S 全體看，這些結果產生自有資本比率從 20％變為 18％，償債能力的流動比率從 120％變為 107％，總資本週轉率從 1.2 次變為 0.8 次，均出現惡化情形。這公司如照此發展下去，會面臨資金呆滯化的危機，故如何提高週轉是 B/S 策略的重點。

二期 B/S 的比較

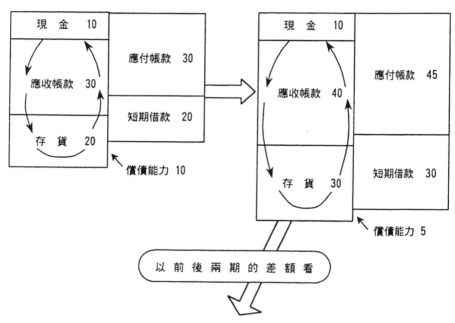

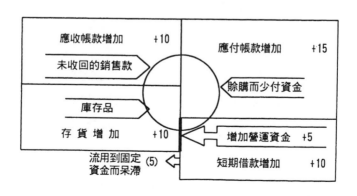

6.2.6 非現金支出的加回－折舊

上面所看的二張 B/S 的差額表（再錄於右頁上段），以簡單的「資金運用表」形式整理時則如右頁下段表，由此表知道大部份與上面所看的二期 B/S 的比較差額相同,惟其中稍微不同的地方，就是兩邊均加上折舊。

折舊係在本期中將設備的使用部份,在損益計算做決算時「追加」的費用,本項在當期並無現金支出。因此折舊部份雖使利益相對減少，但並無資金流出，仍以〝可用資金〞留存企業。故在資金運用表將折舊加入利益將其合計（稱為折舊前利益）作為〝可使用的自有資金〞。

又,依差額法計算,設備投資額以 B/S 中固定資產增加部份 20 億計列，但是實際投資額應該是加回當年因提列折舊而減少的 5 億元（B/S 附註的累積折舊之差額）後的 25 億元,也就是在 B/S 的固定資產增加額較實際設備投資額少了折舊部份。

如此,資金運用表係對〝報表中以費用計列,但實際上無資金流出的主要項目〞做修正,以期掌握更正確的資金的動向。如能體會其意義,則對資金運用表已有充分的認識。

營 運 資 金 的 運 用

| 應收帳款的增加 | 10 | 應付帳款增加 | 15 |
| 存貨帳款的增加 | 10 | 短期借款增加 | 10 |

⑤ ）從營運資金調度

固定資產投資	B/S 上的固定資產增加	20	長期借款增加	10
			當期利益	5
	因折舊而減少部份	⑤	折　舊	⑤

固 定 資 金 的 運 用

資 金 運 用 表

資金用途 （增加資產、減少負債或業主權益）		資金來源 （減少資產、增加負債或業主權益）	
增加資產		減少資產	0
應收帳款	10		
存　　貨	10	增加負債	
固定資產	25*[1]	應付帳款	15
		短期借款	10
減少負債	0	長期借款	10
減少業主權益	0	增加業主權益	
		折舊前利益	10*[2]
合　　計	45	合　　計	45

*1. 在固定資產淨增額 20 加回折舊 5。

*2. 折舊前利益＝當期利益＋折舊。

6.2.7 折舊和資金流量

折舊一詞是常聽到的名詞，但是屬會計上的特殊項目，因此一般人士不易充分理解或詳細說明它。

如能理解它，對企業經營有很大的幫助，因此擬對折舊從三個側面來說明。首先，假如某企業購置一億元的店舖開始營業，但是頭一年度的決算將一億元全部作為費用而發生帳面上的虧損，那麼次年度店舖已不發生費用，所以等於白用店面，帳面利潤會不斷出現。

這現象有一點不正常。店舖係為了每年使用購置並非一年為限的消耗品，故應照使用年數逐年轉為費用才合理。這種費用會計上稱為「折舊」，列入 P/L。這是「費用分攤」的側面。

其次，一年後的店舖價值，由於使用應比購置時減少。這減少部份係以費用分攤方式轉入費用部份，所以店舖的價值以「一億元減折舊」後的金額表示於 B/S。這是「資產評估」的側面。

最後，情形稍微複雜（如右頁下段圖），資金是透過折舊程序逐步收回原投資額，是固定資產流動化的情形。這是「資金收回」的側面。所以，在編製現金流量表時，將折舊做適當的調整的道理就是，從資金收回側面所看的結果。

折 舊 的 三 個 側 面

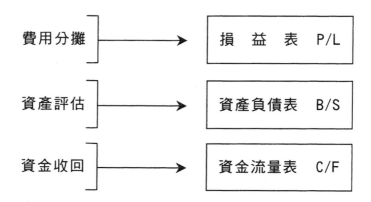

資金收回程序和固定資產的流動化

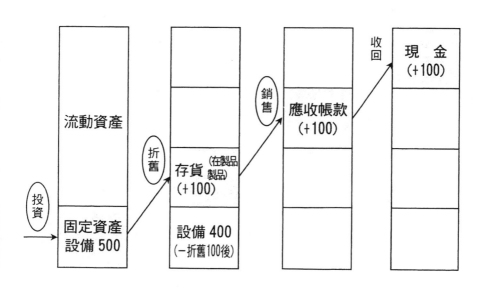

第七章

利用財務資訊應注意事項

注意弦外之意

摘要

＜注意弦外之意＞

△ 前面各章以財務報表資訊為中心，談如何籌劃經營策略。經營策略本身包括的範圍很廣，應考慮的因素也很複雜，所以侷限於財務資訊來談策略可能會發生「隔靴搔癢」的情形。

△ 同時經營分析之目的如前述亦因人而異。本書主要從企業經營者角度做敘述，未涉及投資人（如透過購買股票之投資）等角度的探討。但是此類分析指標可能有部份讀者希望知道其概略。

△ 又，一般人士常會遇到的企業規模如何比較，有關經營分析的觀點等一般性問題，或會計數據本身在經營分析上有其極限等等，看似題外問題，但讀者如能了解或注意，對企業管理多少有幫助，故將可想到的各點予以羅列於本章。

7.1 利用財務資訊應注意事項

7.1.1 企業規模如何比較

我們日常會碰到〝哪一企業較大？〞的問題，要回答此問題，首先應想到以什麼做基準來判斷。

例如，認為銷貨收入最高的企業就是我國第一大企業。但是如前述銷貨收入的內含由附加價值和購入價值（變動費）構成。附加價值係該企業的「純生產價值」的大小，而購入價值係截至前一工程為止的企業的「純生產價值」。換言之，自己的純生產價值和他人的純生產價值的合計，如前者的比例較大的銷貨收入，在一定期間使用相同的資本量和勞務量時，能達成的銷貨收入較小。相反地，後者的比例較大時，所達成的銷貨收入金額較大的可能性多。

例如，通常商社性的企業的銷貨收入很高，其原因之一就是銷貨收入中附加價值小而購入價值大所致，相較之下，基礎產業的銷貨收入可能不如商社，其理由之一係由於附加價值大而購入價值小所致。

其次，以生產的二大要素資本和勞力作為衡量基準時，須考慮因生產手段不同而有①資本密集產業和②勞力密集產業的差別。雖然勞力密集產業也要考慮到，某些企業大量利用下包商的情形。所以某一種生產手段的凸顯性的龐大或另一生產手段跛行性的細小時，不能視為大企業。

考慮以上種種因素，似應以二種生產手段很平衡，而附加價值較大的企業才是較大的企業。

7.1.2 經營分析的觀點和方式

　　從本書前面各節得知，經營分析可分爲收益性、安全性、效率性和成長性分析。這些分析由於分析人的立場不同，要重視的觀點也相異，例如銀行或往來客戶等債權人則重視信用目的的償債能力等安全性分析。重視資本利得(Capital gain)的投資家注重收益性和成長性分析，重視收益利得(Income gain)的投資家，以長期持有爲前提，故注重安全性分析。

　　至於分析方式，在計算時不必爲細數所困，可採取億元單位等粗算，然後採取下列各種不同分析方法做適當組合來檢討。例如，從銷貨收入利益率等一般性的比率分析，觀察時間系列變化的趨勢分析，與他公司或與預算的比較分析，觀察實際金額大小的實數分析等。

　　當利用趨勢分析時，基準點（作爲基準的年度）的選定成爲關鍵。因爲選定業績不佳年爲基準時，趨勢上會顯示進步的假象；相反地，與良好年比較則會呈顯退步的假象。故應以可作爲經營目標的年度爲基準年，例如過去五年間最佳的年度，或在不景氣的復甦過程中進入不景氣前的最高時點等。

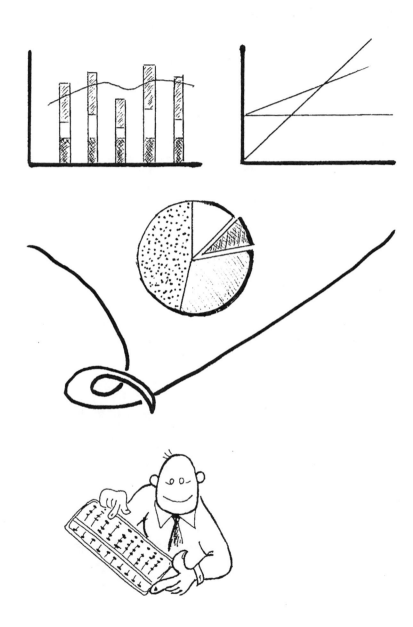

7.1.3 數據分析的極限和帳外資料

決算書並非依同一原則編製，會計處理在企業方面有選擇的空間，所以可以使短期性的虧損變爲盈餘。亦即會計有人爲操作因素的側面，故決算書並非絕對的。

又決算書是過去的資料，故不保證未來。加之，有很多外界人士看不出來的事項，例如故意或錯誤而發生的漏記擔保債務（稱爲帳外債務），爲了維持對外信用或配息而虛增銷售或縮小費用等粉飾決算。所以雖然有監察人的簽章，實際上仍會發生超額債務的案例。

加之，會計制度規定，原則上資產係以取得價格評價，故帳面價值和市價的差價無法顯示。亦即很難做到充分揭露資訊，故財務狀況的表達不能說絕對的正確。

總之，應知道依據財務資訊的計數分析有其極限，應設法從帳外資料(off balance sheet data)做評估。企業規模越小越難窺視決算書的真正面貌，經營者的領導風格、企業的技術力(know-how)、員工的活力、公司的風格等，在決算書未列示的帳外資料才是關鍵所在。換言之，不要只靠決算書，應以高瞻的見識和宏觀的視野，參照各種帳外資料觀察企業。

7.1.4 投資家所注意的指標

對投資家而言,每股的盈餘比盈餘的總額重要,因此有**每股盈餘(EPS)指標**的存在。此值較前期增加時股價會上昇或由盈餘分配而來的股利有希望增加。

在投資指標中也重視**本益比(PER)**,此指標表示股價以每股盈餘(EPS)的多少倍買入,也作爲衡量股價與市場平均或同業他公司比較是否偏低、偏高的依據。經常利益減少時 EPS 會降低,PER 會偏高,故股價會下跌。相反地,經常利益增加時 EPS 會增加,PER 會偏低,故股價會上漲達到修正偏低情形。對於大企業(集團)則應注意其合併決算的 PER。

企業解散時,股東所得的代價爲**每股帳面淨值(BPS)**。此時該股票市場的市價佔 BPS 的多少倍,則以**股價帳面淨值倍數(PBR)**表示,如 PBR 在一倍(100%)以下時,表示股價在清算價值以下,對股東而言,當企業解散時可獲得較有利的清算分配金。

一般而言,以 P/L 的盈餘爲依據的本比益(PER)常被用於衡量股價的上限值,以 B/S 的淨值爲依據的每股帳面淨值倍數(PBR)常被用於衡量股價的下限值。

其他投資指標尚有,與市場利率比較的**益價比**(PER 的倒數)或**股利股價比**等。

（公式 7.1）　每股盈餘 (EPS) $= \dfrac{\text{當期盈餘}}{\text{期末發行股數}}$

（公式 7.2）　本益比 (PER) $= \dfrac{\text{股 價}}{\text{EPS}}$

（公式 7.3）　每股帳面淨值 (BPS) $= \dfrac{\text{帳面淨值}}{\text{期末發行股數}}$

（公式 7.4）　股價帳面淨值倍數 (PBR) $= \dfrac{\text{股 價}}{\text{BPS}}$

（公式 7.5）　益價比 (PER 的倒數) $= \dfrac{\text{EPS}}{\text{股 價}}$

（公式 7.6）　股利股價比 $= \dfrac{\text{每股股利}}{\text{股 價}}$

EPS＝Earning Per Share

PER＝Price Earning Ratio

BPS＝Book Value Per Share

PBR＝Price Book Value Ratio

附　　錄

附錄

本書介紹的財務比率

比　率　名　稱	公式編號	頁　次
百分比 B/S		57
自有資本比率	2.1	61
流動比率	2.2	63
速動比率	2.3	65
固定比率	2.4	67
經常收支比率	2.5	69
借款依靠度	2.6	69
負債比率	2.7	69
營業利益利息支出比率	2.8	69
利息保障倍數	2.9	69
固定長期適合比率	2.10	75
總資產報酬率	3.1	80
總資產週轉率	3.1	80
銷貨獲利率	3.1	80
每人銷貨收入	3.2	85
用人費比率	3.3	85
研發費比率	3.4	85

比　率　名　稱	公式編號	頁　次
分配股利比率	3.5	97
損益平衡點基本公式	5.1	149
損益平衡點銷貨收入	5.2	149
損益平衡點銷貨量	5.3	149
損益平衡點比率	5.4	149
銷貨收入變化後的利益	5.5	151
達成目標利益的銷貨收入	5.6	151
銷貨收入變化後的 BEP	5.7	151
經營安全率	5.8	153
折舊前利益與設備投資比率	6.1	225
每股盈餘	7.1	243
本益比	7.2	243
每股帳面淨值	7.3	243
股價帳面淨值倍數	7.4	243
益價比	7.5	243
股利股價比	7.6	243

國家圖書館出版品預行編目

看財務資訊談經營策略：從財務資訊出發 繪企業.
經營鴻圖／邱慶雲編著.－ 一版.－[臺北縣新
店市]：邱慶雲發行；臺北市：秀威資訊經銷，
2005[民 94]
面； 公分. -- （商業企管類）
ISBN 978-957-41-2712-2（平裝）

1.財物管理 2.財務報表

494.7   94005917

看財務資訊談經營策略——

從財務資訊出發　繪企業經營鴻圖

作　　者／邱慶雲
發 行 人／邱慶雲
封面設計／林世峰
銷售發行／林怡君
網路服務／徐國晉
出版印製／秀威資訊科技股份有限公司
　　　　　台北市內湖區瑞光路 583 巷 25 號 1 樓
　　　　　電話：02-2657-9211　　　傳真：02-2657-9106
　　　　　E-mail：service@showwe.com.tw
經 銷 商／紅螞蟻圖書有限公司
　　　　　台北市內湖區舊宗路二段 121 巷 28、32 號 4 樓
　　　　　電話：02-2795-3656　　　傳真：02-2795-4100
　　　　　http://www.e-redant.com

定價：130 元

讀　者　回　函　卡

感謝您購買本書，為提升服務品質，煩請填寫以下問卷，收到您的寶貴意見後，我們會仔細收藏記錄並回贈紀念品，謝謝！

1.您購買的書名：＿＿＿＿＿＿＿＿＿＿＿＿＿＿＿＿

2.您從何得知本書的消息？

　　□網路書店　　□部落格　　□資料庫搜尋　　□書訊　□電子報　□書店

　　□平面媒體　　□ 朋友推薦　　□網站推薦　□其他＿＿＿＿＿＿

3.您對本書的評價：(請填代號　1.非常滿意 2.滿意 3.尚可 4.再改進)

　　封面設計＿＿　版面編排＿＿　　內容＿＿　文/譯筆＿＿　　價格＿＿

4.讀完書後您覺得：

　　□很有收獲　　□有收獲　　□收獲不多　　□沒收獲

5.您會推薦本書給朋友嗎？

　　□會　□不會，為什麼？＿＿＿＿＿＿＿＿＿＿＿＿＿＿＿＿＿

6.其他寶貴的意見：＿＿＿＿＿＿＿＿＿＿＿＿＿＿＿＿＿

＿＿＿＿＿＿＿＿＿＿＿＿＿＿＿＿＿＿＿＿＿＿＿＿＿＿＿

＿＿＿＿＿＿＿＿＿＿＿＿＿＿＿＿＿＿＿＿＿＿＿＿＿＿＿

＿＿＿＿＿＿＿＿＿＿＿＿＿＿＿＿＿＿＿＿＿＿＿＿＿＿＿

讀者基本資料

姓名：＿＿＿＿＿＿＿＿＿　年齡：＿＿＿　性別：□女 □男

聯絡電話：＿＿＿＿＿＿＿　E-mail：＿＿＿＿＿＿＿＿＿＿

地址：＿＿＿＿＿＿＿＿＿＿＿＿＿＿＿＿＿＿＿＿＿＿

學歷：□高中(含)以下　　□高中　　□專科學校　　□大學

　　　□研究所(含)以上 □其他＿＿＿＿＿＿＿

職業：□製造業 □金融業 □資訊業 □軍警 □傳播業 □自由業

　　　□服務業 □公務員 □教職　□學生 □其他＿＿＿＿＿

(請沿線對摺寄回,謝謝!)

秀威與 BOD

BOD（Books On Demand）是數位出版的大趨勢，秀威資訊率先運用 POD 數位印刷設備來生產書籍，並提供作者全程數位出版服務，致使書籍產銷零庫存，知識傳承不絕版，目前已開闢以下書系：

一、BOD 學術著作—專業論述的閱讀延伸
二、BOD 個人著作—分享生命的心路歷程
三、BOD 旅遊著作—個人深度旅遊文學創作
四、BOD 大陸學者—大陸專業學者學術出版
五、POD 獨家經銷—數位產製的代發行書籍

BOD 秀威網路書店：www.showwe.com.tw
政府出版品網路書店：www.govbooks.com.tw

永不絕版的故事‧自己寫‧永不休止的音符‧自己唱